JÖRG HAJT

Abschied vom Schienenbus

JÖRG HAJT

Abschied vom Schienenbus

HEEL

IMPRESSUM

HEEL Verlag GmbH
Gut Pottscheidt
53639 Königswinter

Tel.: (0 22 23) 92 30-0
Fax: (0 22 23) 92 30-26

Verantwortlich für den Inhalt:
Jörg Hajt

Satz / Layout / Reproduktion:
Axel Mertens, HEEL Verlag GmbH

Druck und Verarbeitung:
Fortuna-Druck, Baden Baden

Printed and bound in Germany

ISBN 3-89365-664-2

Titelbild: *Am 20.Juli 1996 war der DB-Museumsschienenbus 795 240 auf der Eifelquerbahn Gerolstein - Mayen West (ex KBS 602) unterwegs. Für die mitgereisten Eisenbahnfreunde „posierte" er unterhalb der bekannten Burgruine in Monreal.* *Foto: Jörg Hajt*

Hintere Umschlagseite: *Auch die Deutsche Bahn AG konnte zunächst nicht auf die Dienste der kleinen Nahverkehrstriebwagen verzichten. Eine Domäne der auf Einmannbetrieb umgebauten Baureihe 796 war die KBS 462 Betzdorf - Dillenburg, auf der am 11.Oktober 1994 VT 796 784 bei Zeppenfeld vorbeieilte.* *Foto: Jörg Hajt*

Seite 2: *Längst vergessen sind die Schienenbusse auf der Aar-Salzböde-Bahn Herborn - Niederwalgern (KBS 624). Am 13.Mai 1992 brummte noch eine zweitteilige 798-Einheit als N 8266 durch das idyllische Übernthal.* *Foto: Berthold Vatteroth*

Inhalt

Vorwort

Als im Mai 1950 die ersten Uerdinger Schienenbusse auf dem Streckennetz der Deutschen Bundesbahn zum Einsatz kamen, ahnte sicherlich niemand, daß die kleinen Triebwagen auch ein halbes Jahrhundert später noch im Dienst der modernen Bahn stehen würden. Wie kein anderes Schienenfahrzeug zuvor bestimmten sie den Betrieb auf den deutschen Nebenbahnen und sicherten durch ihre fast schon sprichwörtliche Wirtschaftlichkeit vielen einstellungsgefährdeten Strecken das Überleben. Somit waren die „Retter der Nebenbahnen" bei Offiziellen und Fahrgästen gleichermaßen beliebt, was nicht zuletzt für eine überdurchschnittliche Popularität sorgte. Wohl kaum jemand verbindet nicht seine Schulzeit oder einen Urlaub in ländlichen Regionen mit dem typischen „Knattersound" der Uerdinger, und so waren und sind sie für viele weit mehr als nur ein nüchternes Fortbewegungsmittel. Nicht wenige verbinden eine Reise im Schienenbus mit ihrem ersten Schultag; lernten hier ihre große Liebe kennen oder benutzten die „roten Brummer" für die tägliche Fahrt ins Büro oder zum Wochenmarkt. All dies sind Erinnerungen, wie sie bei anderen Eisenbahnfahrzeugen nur selten geweckt werden. Natürlich ging auch die Zeit an den Schienenbussen nicht spurlos vorbei: ein gesteigertes Komfortbewußtsein der Reisenden, fehlende Ersatzteile und ein nicht mehr zeitgemäßes Erscheinungsbild sorgten seit Beginn der achtziger Jahre für eine verstärkte Ausmusterung, die schließlich zum Jahreswechsel 1998/99 mit der Außerdienststellung der letzten DB-Schienenbusse im Betriebshof Tübingen ihren Abschluß finden wird. Der vorliegende Bildband möge daher die Erinnerung an die mit 924 Exemplaren meistgebauten Triebwagen der Deutschen Bundesbahn wachhalten. Gleiches gilt auch für die hier abgebildeten Nebenstrecken, von denen viele bereits stillgelegt oder abgebaut worden sind. Der Dank des Autors gilt an dieser Stelle allen, die durch die Überlassung von Informationen oder Bildmaterial zur Entstehung des Buches beigetragen haben.

Bochum, im Januar 1998

Links: *Die Lokalbahn Traunstein - Waging (KBS 959) zählte zu den letzten Refugien der „Nebenbahnretter" in Oberbayern. Am 16.Mai 1993 legte 798 807 einen kurzen Zwischenstopp im reizvoll gelegenen Haltepunkt Otting ein.* Foto: Jörg Hajt

Revolution im Nahverkehr:
Vom Benzinmotorwagen zum Schienenbus

Lange bevor 1895 der erste Straßenomnibus zwischen Siegen und Netphen verkehrte, standen bereits bei vielen deutschen Staatsbahnen sogenannte „Benzinmotorwagen" in der Erprobung, die auf wenig befahrenen Nebenstrecken die unwirtschaftlich gewordene Dampftraktion ablösen sollte. Besonders intensiv befaßte sich die Königlich Württembergische Staatseisenbahn (KWüStB) mit der Entwicklung eines serientauglichen Triebwagens, an der auch die Motorenfabrik Daimler beteiligt war. Um die Entwicklungskosten so niedrig wie möglich zu halten, griff man bei seiner Konstruktion auf einen zweiachsigen Lokalbahnwagen zurück, der mit einem 4 PS leistenden Benzinantrieb versehen wurde. Der ab 1887 zwischen Cannstatt und Untertürkheim eingesetzte Versuchsträger konnte die in ihn gesetzten Erwartungen jedoch nicht erfüllen, was vor allem in seiner schwachen Motorleistung und seiner extremen Schadanfälligkeit begründet war. Dennoch ließen sich Staatsbahn und Motorenhersteller nicht entmutigen und erarbeiteten in der Folgezeit zahlreiche Verbesserungen, die schließlich 1894 in den Bau des ersten streckentauglichen Triebwagens BW2 mündeten. Dabei handelte es sich wiederum um einen umgebauten Personenwagen mit der Radsatzanordnung A1, der nun allerdings mit einem 10 PS starken Daimler-Vierzylinder-Vergasermotor ausgestattet war. Der 12,2 t schwere Wagen verfügte über 44 Sitz- und 8 Stehplätze und erreichte eine Höchstgeschwindigkeit von 20 km/h. Der Motor befand sich unter einer Abdeckung im Fahrgastraum und wurde mit einem mechanischen Viergang-Zahnradgetriebe geschaltet. Da die Leistung nach wie vor zu wünschen übrig ließ, erhielt der Triebwagen wenige Monate nach seiner Jungfernfahrt

Links: *Die 1926 vorgestellte DRG-Baureihe VT 70.9 bildete in Deutschland den Grundstein für die Konstruktion leichter Nebenbahntriebwagen. Ein Vertreter dieses Typs ist noch heute bei der Teutoburger Wald-Eisenbahn im Einsatz, wo er gelegentlich auch vor leichten Güterzügen beobachtet werden kann. (Aufnahme am 19.August 1996 bei Bad Iburg).*

Foto: Jörg Hajt

ein 30 PS starkes Triebwerk, das auch in den ab 1900 gelieferten fünf Serientriebwagen gleicher Bauart zum Einsatz kam. Die Höchstgeschwindigkeit betrug nun 32 km/h, was jedoch im Vergleich mit den konkurrierenden Dampfzügen keinerlei Fortschritt bedeutete. Die ursprünglich angestrebte Höchstgeschwindigkeit von 50 km/h wäre nur mit Hilfe eines 80 bis 100 PS starken Verbrennungsmotors realisierbar gewesen, der allerdings deutlich teurer und unausgereifter als vergleichbare Dampfantriebe gewesen wäre. Aus diesem Grund verlegte sich die KWüStB schon bald auf die Entwicklung eines Dampftriebwagens und legte das Projekt „Benzinmotorwagen" zu den Akten. Die verbliebenen Verbrennungstriebwagen wurden nach und nach ausgemustert und zu Personenwagen umgebaut; zwei von ihnen waren zu Beginn des Ersten Weltkriegs noch im Raum Stuttgart im Einsatz.

Etwas erfolgreicher verlief dagegen die Entwicklung bei anderen Staatsbahnen. So beschaffte zum Beispiel die Königlich Preußische Eisenbahn-Verwaltung (KPEV) im Jahre 1908 einen Benzoltriebwagen mit elektrischer Kraftübertragung, der auf einem vierachsigen Abteilwagen basierte. Die Maschinenanlage war in einem speziell entwickelten Untergestell gelagert, das sich auf die inneren Radsätze der Drehgestelle abstützte. Dadurch konnte der Antrieb fast vollständig unterflur eingebaut werden, so daß nahezu keine Aggregate in den Fahrgastraum ragten. Der 90 PS leistende Deutz-Sechszylinder-Benzolmotor war mit einem 75 PS starken AEG-Gleichstromgenerator gekoppelt, welcher für eine Höchstgeschwindigkeit von 60 km/h (Dauerbetrieb 50 km/h) sorgte. Die Erfahrungen mit diesem Fahrzeug flossen direkt in die Serienfertigung eines neuen Triebwagentyps mit der Achsfolge 2'Bo' ein, der ab 1909 von AEG (elektrischer Teil), Deutz (mechanischer Teil) und der Düsseldorfer Eisenbahnbedarf AG (Fahrgestell und Aufbau) geliefert wurde. Der knapp 47 t schwere benzolelektrische Triebwagen verfügte über einen Deutz-Sechszylinder-Motor mit einer Leistung von 101 PS und zwei jeweils 86 PS starken elektri-

Die Wismarer Schienenbusse bestimmten ab 1933 das Geschehen auf zahlreichen Nebenstrecken und ermöglichten vielen Kleinbahnen eine Fortführung des oftmals nicht sehr gewinnbringenden Personenverkehrs. Foto: Heinrich Hullermann

schen Fahrmotoren in den Drehgestellen. Dank Vielfachsteuerung konnten zwei Triebzüge miteinander gekuppelt werden, so daß man auf zweimal 49 Sitzplätze in der dritten und zweimal 26 Sitzplätze in der vierten Klasse zurückgreifen konnte. 1910 folgte eine zweiachsige Variante der Bergmann-Elektrizitätswerke Berlin mit 50 PS; zwei Jahre später ein wiederum vierachsiger Typ mit einem 101 PS-Otto- bzw. einem 170 PS-Benzolmotor. Die Vorgaben des preußischen Millitärs und der einsetzende Erste Weltkrieg verhinderten letztlich die Entwicklung noch leistungsstärkerer Ausführungen und zwangen die Motorenhersteller zur Optimierung der bis dahin noch sehr schweren und unzuverlässigen Dieselmotoren. 1913 bestellte die KPEV bei der Waggonbauanstalt Gastell einen dieselelektrischen Triebwagen, der infolge der Kriegswirren erst 1917 in Dienst gestellt werden konnte. Die Dieselmotoren stammten von der Ludwigshafener Motorenfabrik Sulzer, während die über Kuppelstangen auf die beiden Triebdrehgestelle wirkenden Fahrmotoren von BBC kamen. Fast parallel dazu beschaffte auch die Königlich Sächsische Staatsbahn ihre ersten dieselelektrischen Trieb-

Bis Ende der sechziger Jahre hatten die Uerdinger Schienenbusse die Dampftraktion auf den Nebenstrecken nahezu vollständig in den Hintergrund gedrängt, so daß diese 1969 im Bw Dannenberg entstandene Aufnahme fast symbolischen Charakter besitzt. Foto: Wolf-Dietmar Loos

wagen. Nachdem auch hier Versuche mit einem Benzolmotorwagen zu keinem befriedigenden Ergebnis geführt hatten, bestellten die Sachsen 1914 zwei der KPEV vergleichbare Triebwagentypen, die als Gemeinschaftsprojekt von Sulzer, BBC und der Waggonfabrik Rastatt gefertigt wurden. Die Triebwagen verfügten über eine Leistung von maximal 250 PS, was sie ohne Steuerwagen zu einer Höchstgeschwindigkeit von 75 km/h befähigte. Der Ausbruch des Ersten Weltkrieges verhinderte leider auch hier einen geregelten Einsatz und so gelangten die Fahrzeuge nach Kriegsende zur schweizerischen Privatbahn „Chemins du Val Travers", wo sie 1924 gründlich modernisiert und über viele Jahre hinweg im Vorortverkehr eingesetzt wurden. Ein Triebwagen ist der Nachwelt glücklicherweise erhalten geblieben und kann heute im Verkehrshaus Luzern besichtigt werden. Doch nicht nur bei den Drehgestell-Triebwagen zeigte sich die Sächsische Staatsbahn innovativ. So rüstete sie im Jahre 1913 einen Saurer-Straßenomnibus mit Eisenbahnradreifen aus und brachte damit den Grundgedanken eines „echten" Schienenbusses ins Spiel. Der mit einem 30 PS starken Sau-

Die Akku-Triebwagen ETA 150 (Baureihe 515) waren für die Schienenbusse eine große Konkurrenz und sorgten im Großraum Rhein/Ruhr für die geringste Verbreitung der kleinen Dieseltriebwagen. Die Aufnahme entstand am 1.Juni 1989 in Herne-Rottbruch. Foto: Jörg Hajt

Mit der 1957 begonnenen Entwicklung der Leichtverbrennungstriebwagen VT 2.09 (später LVT 171/172) folgte auch die Deutsche Reichsbahn dem westdeutschen Schienenbuskonzept, wenngleich es sich bei den Fahrzeugen aus Bautzen um komplette Eigenkonstruktionen handelte.
Foto: Maarten van der Velden

rer-Vierzylinder-Benzinmotor ausgerüstete Wagen bot den Fahrgästen 18 Sitzplätze und erreichte eine Spitzengeschwindigkeit von 30 km/h. Obgleich erste Einsätze durchaus erfolgversprechend verlaufen waren, zwang der Krieg schließlich zur Einstellung jeglicher Aktivitäten, so daß dieses Projekt über viele Jahre hinweg in Vergessenheit geriet.

Nach dem Krieg erlebte der Triebwagenbau in Deutschland einen neuen Aufschwung. Das erste Nachkriegsfahrzeug war ein benzolmechanischer Triebzug für die Überlandstraßenbahn Spandau - Henningsdorf, der noch mit einem niedertourigen Motor ausgerüstet war. Mit der Entwicklung schnellaufender Motoren, deren Konstruktion vor allem von Maybach vorangetrieben worden war, entstanden jedoch bald wesentlich leistungsfähigere Verbrennungstriebwagen, die sich gegenüber früheren Neuentwicklungen durch ein verbessertes Beschleunigungsverhalten und einen deutlich geringeren Verbrauch auszeichneten. Auf der berühmt gewordenen Seddiner Eisenbahnausstellung 1924 waren zahl-

Im Jahre 1974 präsentierte die Deutsche Bundesbahn mit der Baureihe 627 einen potentiellen Schienenbusnachfolger, dessen Serienfertigung jedoch an den unverhältnismäßig hohen Kosten scheiterte. Die Aufnahme zeigt 627 008 am 21.Februar 1991 bei Schenkenzell (KBS 721). Foto: Berthold Vatteroth

Weitaus erfolgreicher verlief dagegen die Entwicklung der zweiteiligen Triebzüge der Baureihe 628, die mit 343 an die DB gelieferten Fahrzeugen entscheidend zur Ablösung von VT 796 und 798 beigetragen haben (Aufnahme am 4.November 1994 bei Erndtebrück). Foto: Jörg Hajt

reiche Triebwagen ausgestellt, die zumeist über einen benzolmechanischen Antrieb und die Achsfolge A1 verfügten. Darüber hinaus gab es auch ernstzunehmende Ausführungen mit Diesel- und Benzinmotoren und mechanischer Kraftübertragung, während die elektrische Kraftübertragung aufgrund der nicht zufriedenstellenden Erfahrungen der KPEV gänzlich fehlte. Zwei Jahre später lieferten die Waggonfabrik Wismar und Maybach den ersten Triebwagen mit einem speziell für dieses Fahrzeug entwickelten Dieselmotor, nachdem man zuvor ausschließlich auf angepaßte Vergaseraggregate aus dem Kraftfahrzeugbau zurückgegriffen hatte. Auch Wegmann und MAN folgten dieser Entwicklung und präsentierten ebenfalls 1926 einen fast bauartgleichen Triebwagen. Die bei der DRG als VT 70 eingereihten Fahrzeuge erwiesen sich als Meilensteine auf dem Weg zum heutigen Leichtriebwagen, wobei besonders ihr Fahrkomfort und ihre Zuverlässigkeit vom Personal und den Fahrgästen gleichermaßen geschätzt wurde.

Zu Beginn der dreißiger Jahre vollzogen schließlich die Waggonbaufirmen den Schritt zur leichten Stahlbauweise, die nun auch im Triebwagenbau (VT 805 und 806) Verwendung finden sollte. Darüber hinaus wandte man sich auch wieder den „echten" Schienenbussen zu. So präsentierte Henschel gemeinsam mit der Waggonbaufabrik Werdau auf der IAA 1931 einen neuen Schienenomnibus, der fast komplett von einem Henschel-Straßenomnibus abgeleitet worden war. Der ab August 1931 auf der 8 km langen Grifte-Gudensberger Kleinbahn (nahe Kassel) verkehrende Schienenbus verfügte über 33 Sitzplätze der Dritten Klasse und erreichte eine Höchstgeschwindigkeit von 50 km/h. Der 100 PS-Vergasermotor wurde mit einem mechanischen Vierganggetriebe geschaltet, das über einen zusätzlichen Rückwärtsgang verfügte, da der Bus als Einrichtungsfahrzeug an den Endbahnhöfen zum Fahrtrichtungswechsel gedreht werden mußte. Das als TW1 bezeichnete Fahrzeug bewährte sich sehr gut, so daß es erst 1955 aus dem aktiven Dienst ausschied und Jahre später verschrottet wurde. Drei bauartgleiche, allerdings mit zwei Endführerständen versehene Fahrzeuge wurden im Jahre 1932 als VT 133 006 bis 008 an die DRG geliefert. 1933 erblickte dann eine Triebwagenlegende das Licht der Welt: der als „Schweineschnäuzchen" bekannte Schienenomnibus der Waggonfabrik Wismar. Das von zwei Ford-Vierzylinder-Motoren (2 x 40 PS, 45 km/h Spitze) angetriebene Nebenbahnfahrzeug stieß bei zahlreichen Bahngesellschaften auf großes Interesse und gestattete vielen Kleinbahnen eine Fortführung des oftmals nicht sehr gewinnbringenden Personenverkehrs. Für die saarländischen Nebenstrecken erhielt auch die DRG vier „Wismarer", die als VT 133 009 bis 012 bei den damaligen Saarbahnen eingereiht wurden. Den Beinamen „Schweineschnäuzchen" verdankt der Triebwagen übrigens seinen spitz zulaufenden Motorhauben, unter denen auch das Getriebe und die Kompressoren für die Bremsanlage untergebracht waren. Glücklicherweise sind einige Exemplare der Nachwelt erhalten geblieben: So verrichtet bespielsweise im Eisenbahnmuseum Bochum-Dahlhausen ein Wismarer Schienenbus der Bremen-Thedinghauser Eisenbahn den Zubringerverkehr zur nahegelegenen S-Bahnstation, während ein schmalspuriges Schwestermodell bei der Museumseisenbahn Bruchhausen-Vilsen im Einsatz ist.

Die Jahre bis zum Zweiten Weltkrieg standen ganz im Zeichen neuer Triebwagenkonstruktionen, wobei jedoch das besondere Augenmerk den Schnelltriebwagen für den Hauptbahndienst galt. Neue Nebenbahnfahrzeuge entstanden erst zu Beginn der fünfziger Jahre. Um die zahlreichen Nebenstrecken wirtschaftlich bedienen zu können, entschloß sich die Deutsche Bundesbahn kurz nach ihrer Gründung zur Beschaffung neuer Schienenomnibusse, deren Prototypen bereits im Mai 1950 von der Waggonfabrik Uerdingen geliefert wurden. Ab 1952 begann die Serienfertigung der als VT 95.9 bezeichneten einmotorigen „Nebenbahnretter". Ein Jahr später folgte mit der Baureihe VT 98.9 eine zweimotorige Variante. Bei der Deutschen Reichsbahn der DDR liefen die Uhren dagegen etwas langsamer. Obgleich der Zweite Weltkrieg hier einen kaum nennenswerten Bestand an einsatzfähigen Triebwagen hinterlassen hatte, konzentrierte man sich zunächst auf die Instandsetzung und Rekonstruktion des vorhandenen Rollmaterials, so daß an einen neuen Nahverkehrstriebwagen vorerst nicht zu denken war. Erst als die sogenannte „Kohlennot" einen wirtschaftlichen Dampfbetrieb auf zahlreichen DDR-Nebenbahnen unmöglich gemacht hatte, veranlaßte das Verkehrsministerium die Entwicklung eines völlig neuen Leichttriebwagens, dessen Erprobungsträger 1957 auf die Gleise gestellt wurde. Aufgrund zahlreicher technischer Schwierigkeiten konnte die Vorserie der als VT 2.09 (später

LVT 171) bezeichneten Fahrzeuge jedoch erst 1962 ausgeliefert und ein Jahr später mit der Serienfertigung begonnen werden. Ab 1965 erhielten die LVT schließlich eine vereinfachte Vielfachsteuerung und wurden hiernach als Baureihe 172 bezeichnet. Die blutrot lackierten DR-Schienenbusse waren bald auf dem gesamten ostdeutschen Streckennetz zuhause und läuteten den Abschied zahlloser dampfgeführter Nebenbahnzüge ein. Zudem waren und sind sie auch auf Hauptstrecken anzutreffen, wobei ihr Fahrkomfort vielfach über dem altgedienter Reisezugwagen gelegen hat.

Während die Deutsche Reichsbahn noch für Jahrzehnte auf ihre Leichtverbrennungstriebwagen setzte, begann die Deutsche Bundesbahn bereits Ende der sechziger Jahre mit der Entwicklung eines geeigneten Schienenbusnachfolgers. Als Ableger der erfolgreich gestarteten Vororttriebzüge der Baureihe 614 präsentierte sie 1974 mit der Baureihe 627 einen einmotorigen Triebwagen, der mittelfristig den gesamten Schienenbusbestand ablösen sollte. Der acht Fahrzeuge umfassenden Vorserie 627.0 wurden noch im selben Jahr zwölf zweiteilige Schwestermodelle der Baureihe 628.0 zur Seite gestellt, die für den gemischten Haupt- und Nebenbahnenbetrieb gedacht waren. Bedingt durch die verhältnismäßig hohen Anschaffungs- und Unterhaltungskosten war jedoch beiden Vorserienmodellen kein großer Erfolg beschieden, zumal die VT 627.0 als Versuchsträger gleich über vier unterschiedliche Antriebsanlagen verfügten, was die Reparatur- und Wartungsabeiten nicht gerade vereinfachte. Darüber hinaus erwiesen sich auch das zu geringe Sitzplatzangebot (64 Sitze) und die auf steigungsreichen Strecken häufig überforderten Motoren als problematisch, so daß an eine baldige Serienfertigung nicht zu denken war. Selbst als in den Jahren 1981 und 1982 fünf bzw. drei weiterentwickelte Triebwagen der Baureihen 627.1 und 628.1 folgten, konnten die zahllosen Verbesserungen nicht die hohen Kosten und das zu geringe Sitzplatzkontingent (nur 627) aufwiegen. Während die Baureihe 627 damit als potentieller Schienenbusnachfolger aus dem Rennen war, galt das Interesse nun der zweiteiligen Variante VT 628, die zwar ähnlich kostenintensiv ist, dafür aber über einen ausreichend großen Fahrgastraum und eine uneingeschränkte Hauptbahntauglichkeit verfügt.

Im Jahre 1987 begann schließlich die Auslieferung einer 150 Fahrzeuge umfassenden Lieferserie (VT 628.2), die bei den Bahnbetriebswerken Karlsruhe, Kempten, Kiel und Limburg zahlreiche Schienenbusse ablöste, aber auch zu einer ersten Ausmusterungswelle der Diesellokbaureihe 211 führte. 1993 folgte mit den stärkeren und weitaus komfortableren VT 628.4 (189 Fahrzeuge) eine nochmals modifizierte Ausführung. Zu diesem Zeitpunkt hatten sich die Verantwortlichen der Bahn allerdings schon längst eingestehen müssen, daß die VT 628 keinesfalls zum Überleben defizitärer Nebenstrecken beitragen können, was letztlich im Juni 1996 in die Bestellung von 372 „echten" Leichttriebwagen mündete.

Uerdinger Schienenbusse: Die Retter der Nebenbahnen

Da sich die Dampflokomotive auf dem immerhin 11.700 km umfassenden (west-)deutschen Nebenbahnnetz zu einem unwirtschaftlichen Kostenfaktor entwickelt hatte, stellte die Deutsche Reichsbahn der Westzonen im Jahre 1948 einen Forderungskatalog für einen leichten Verbrennungstriebwagen auf, der bereits in Grundzügen die Konstruktionsmerkmale des späteren Uerdinger Schienenbusses erkennen ließ. Für das Schienenbuskonzept sprach vor allem seine verhältnismäßig preisgünstige Anschaffung und Unterhaltung, da man hierbei fast vollständig auf Serienelemente aus dem Kraftomnibus- und Straßenbahnbau zurückgreifen konnte. Das Lastenheft sah einen zweiachsigen Leichttriebwagen mit dieselhydraulischem Antrieb vor, der wegen seiner eisenbahnuntypischen Bauart nicht mit normalen Güter- oder Reisezugwagen gekuppelt werden durfte. Anstelle der regulären Zug- und Stoßeinrichtungen sollte der Triebwagen einfache Stoßfederbügel sowie selbsttätig wirkende Mittelpufferkupplungen des Typs „Scharfenberg leicht" erhalten, die das bedarfsweise Mitführen spezieller Beiwagen ermöglichten. Der Innenraum sollte mindestens 40 Sitzplätze sowie ein WC-Abteil aufweisen und über eine großzügig dimensionierte Kühlwasserheizung mit Wärme versorgt werden können. Bei der Frischluftzufuhr setzte man dagegen auf einfache Lüftungskanäle in den Stirnwänden, wie sie auch in Bussen und Straßenbahnen Verwendung fanden.

Die zuvor genannten Vorgaben schien am besten die Waggonfabrik Uerdingen (heute DUEWAG) erfüllen zu können, die über eine langjährige Erfahrung auf dem Gebiet der Kraftomnibus- und Straßenbahnfertigung verfügte. Vor diesem Hintergrund kam es schließlich im Juni 1949 zu einem Treffen zwischen Vertretern des Fahrzeugherstellers und der Offenbacher Reichsbahn-Hauptverwaltung, bei dem zunächst die wirtschaftlich-technischen Anforderungen festgelegt wurden. Gemessen am Sitzplatzvolumen sollten die Motorwagen in der Preisklasse eines Straßenomnibusses produziert werden können und von diesem auch Motor, Getriebe und diverse Karosserieteile erhalten. Da man die Schienenbusse auch auf Hauptstrecken einsetzen wollte, wurde zudem eine Höchstgeschwindigkeit von 90 km/h gefordert. Als Antriebsquelle bot sich der wenige Monate zuvor in Serie gegangene Büssing-Unterflurdieselmotor des Typs U9 an, der bei einem Hubraum von knapp 9000 ccm zwischen 110 und 150 PS leistete. Dank seiner geringen Einbaumaße konnte man die Laufachse vollständig vom Wagenkasten trennen, was in Verbindung mit der pendelnd gelagerten Karosserieaufhängung für einen ruhigen Fahrkomfort sorgen sollte. Da der Achsabstand gemäß der Eisenbahn-Bau- und Betriebsordnung (EBO) für Motor- und Beiwagen nicht mehr als 4,50 m betragen durfte, mußten die kompakten Karosseriemaße (10,00 x 3,00 m) mit verhältnismäßig langen Überhängen erkauft werden. Der Wagenkasten wurde selbsttragend konzipiert und sollte aus verschweißten Stahlprofilträgern mit Leichtmetallaußenblechen bestehen. Für die Abfederung des Wagenkastens setzten die Ingenieure auf eine Kombination aus Schraubenfedern und Stoßdämpfern, bei der allerdings vier an den Achslagern montierte Blattfedern die Funktion eines Radsatzlenkers übernehmen mußten.

__Links:__ Vor allem in ländlichen Regionen gehörte der Schienenbus zum Alltag. Am 20.Juli 1995 belebte der mittägliche „Schülerzug" N 7872 den Haltepunkt Junkersdorf an der inzwischen stillgelegten KBS 812 Haßfurt - Hofheim. Foto: Jörg Hajt

Die einmotorigen VT 95.9 (Baureihe 795)

Nachdem das ebenfalls an der Konstruktion des Schienenbusses beteiligte Eisenbahn-Zentralamt München weitere Einzelheiten festgelegt hatte, lieferte die Waggonfabrik Uerdingen noch im selben Jahr zehn einmotorige Prototypen mit einer Leistung von jeweils 110 PS, die nach ausgiebigen Test- und Einstellfahrten zwischen Mai und August 1950 als VT 95 901 bis 910 bei der zwischenzeitlich gegründeten Deutschen Bundesbahn eingereiht wurden. Hinzu kamen sechs Beiwagen, die man als VB 140 701 bis 706 (später VB 141 001 bis 006) bezeichnete. Da die Prototypen unter sehr unterschiedlichen klimatischen und topographischen Bedingungen getestet werden sollten, wurden sie den Bahnbetriebswerken Kempten (BD Augsburg), Flensburg, Heiligenhafen und Husum (alle BD Hamburg) zugeteilt. Auch die noch eigenständigen Eisenbahnen des Saarlandes beteiligten sich mit ihrem im August 1950 in Dienst gestellten Prototyp VT 95 911 an der Erprobung, die letztlich zur vollsten Zufriedenheit aller Beteiligten zum Abschluß gebracht werden konnte. Im ersten Betriebsjahr erreichten die Motorwagen Laufleistungen von durchschnittlich 114.000 km, wobei 3086 Plantagen nur 281 Ausfalltage gegenüberstanden! Obwohl es sich beim Uerdinger Schienenbus um eine völlige Neukonstruktion handelte, waren kaum ernstzunehmende „Kinderkrankheiten" zu verzeichnen, so daß die kleinen Triebwagen sehr rasch die Freigabe für die Serienfertigung erhielten. Zuvor mußten allerdings noch einige Veränderun-

Die 1980 ausgemusterten VT 95.9 waren mit 369 Fahrzeugen die meistgebauten Schienenbusse der DB. Im Gegensatz zu ihren zweimotorigen Schwestermodellen verfügten sie nur über einfache Stoßfederbügel und Mittelpufferkupplungen anstelle der regulären Stoß- und Zugeinrichtungen.

Foto: Maarten van der Velden

gen vorgenommen werden, was vor allem für das neuentwickelte Sechsganggetriebe der Zahnradfabrik Friedrichshafen galt, das zwar aufgrund seiner elektromagnetischen Steuerung durch ruckfreie Schaltvorgänge zu gefallen wußte, hinsichtlich der Wartung und Zuverlässsigekeit jedoch stark verbesserungswürdig erschien. Gleiches galt auch für den etwas barock anmutenden Wagenkasten und die aus der Straßenbahnfertigung stammende Pedal-Bremsanlage der Bauart Knorr. Wie schon die Bezeichnung erahnen läßt, mußte die Druckluft-Scheibenbremse mit einem Bremspedal bedient werden, was vor allem altgedienten Lokführern enorme Schwierigkeiten bereitete. Dieser zuvor nicht bedachte Umstand und eine zu geringe Standfestigkeit führten letztendlich zu dem Entschluß, alle Serienfahrzeuge mit einem herkömmlichen Führerbremsventil auszurüsten und ab VT 95 9270 auch eine Magnetschienenbremse einzubauen bzw. diese bei den bereits abgelieferten Fahrzeugen nachzurüsten. Da die Schienenbusse gleich für die Einmannbedienung konzipiert waren, erhielten sie zudem eine Sicherheitsfahrschaltung (Sifa), die im Notfall eine automatische Zwangsbremsung auslöst und noch heute entscheidend zur Sicherheit im Eisenbahnalltag beiträgt.

Die Neuerungen bei den nachfolgenden Fahrzeugen galten schließlich dem Aufbau. Auf Drängen des Bundesbahn-Zentralamtes erteilte der Bundesverkehrsminister im Dezember 1951 eine Ausnahmegenehmigung für die Verlängerung des als zu kurz erachteten Radstandes, wonach mit VT 95 912 der erste Schienenbus mit einem Achsabstand von 6,00 m an die DB geliefert wurde. Der deutlich bessere Fahrkomfort und das großzügigere Raumangebot mit nunmehr zwei Türen auf jeder Seite sorgten in den kommenden Jahren dafür, daß nur noch „verlängerte" Motorwagen beschafft wurden. Die im Frühjahr 1952 gelieferten 60 Schienenbusse der ersten Bauserie (ab VT 95 913) und die 97 Exemplare der zweiten wiesen somit eine Länge von 13,265 m über Stoßfederbügel auf; die weiteren VT 95.9 (ab 9270) waren nochmals um 3 mm länger. Die zeitgleich von Orion in Eschwege gelieferten 50 Beiwagen VB 142 007 bis 056 fielen dagegen mit 11,048 m sichtbar kürzer aus und verfügten im Vergleich zu den Motorwagen (56 Sitzplätze) lediglich über 35 Sitzplätze (plus 10 Notsitze in den Gepäckräumen).

Die Beheimatung der zunächst auf 18 Bahnbetriebswerke verteilten Serienfahrzeuge erfolgte flächendeckend im gesamten Bundesgebiet, so daß sie mit recht unterschiedlichen Aufgaben betraut wurden. Während in Norddeutschland vor allem Nebenbahnleistungen und Kurzstreckeneinsätze auf Hauptbahnen auf dem Dienstplan standen, waren im süddeutschen Raum auch Einsätze im zuschlagpflichtigen Eilzugdienst oder als Touristiksonderzüge an der Tagesordnung. Trotzdem erwiesen sich jedoch die VT 95.9 des Bw Holzminden als die wahren „Kilometerkönige", wobei sie allein zwischen Kreiensen und Ottbergen Laufleistungen von durchschnittlich 480 km pro Tag erreichten. Mit Auslieferung der zweiten Bauserie weitete sich das Einsatzgebiet der „Nebenbahnretter" nochmals deutlich aus, so daß immer häufiger Strecken dampffrei wurden. Zur Steigerung der Streckenattraktivität führte die DB nun drei neue Zugarten ein, die bereits vor Fahrtantritt einen eindeutigen Hinweis auf den Einsatz von Schienenbussen anstelle der Dampfzüge geben sollten. So stand das Fahrplankürzel „Nto" folglich für „Nahschnellverkehrsschienenomnibus", während sich hinter den Buchstaben „So" und „To" ein „Stadtschnellverkehrsschienenomnibus" und eine normale Triebwagenleistung verbargen, welche allerdings zu Beginn der sechziger Jahre durch ein Triebwagensymbol ersetzt wurden.

Die VT 95-Vorserienmodelle unterschieden sich sehr deutlich von den späteren Serienfahrzeugen. Auffällig war vor allem die optische Verwandschaft mit zeitgenössischen Straßenbussen und die Beschränkung auf nur einen Einstieg pro Fahrzeugseite. Foto: DUEWAG

KAARST

UERDINGEN
UERDINGER
Schienen-
OMNIBUS
für die Deutsche Bundesbahn
und Privatbahnen
WAGGONFABRIK UERDINGEN A.G.
KREFELD-UERDINGEN

Auf allen Schienensträngen...
UERDINGEN
Schienenbus
UERDINGEN
WAGGONFABRIK UERDINGEN A.G. KREFELD-UERDINGEN

Links oben: *Das Einsatzgebiet der VT 95.9 erstreckte sich nahezu über das gesamte Bundesgebiet. Am 20.März 1976 besorgte 795 539 den Nahverkehr zwischen Neuss und Kaarst.* Foto: Wolf-Dietmar Loos

Rechts oben: *Werbung mit Erfolg: Anzeige in einer Fachzeitschrift aus dem Jahre 1950 für die VT 95-Vorserienmodelle, aufgrund derer zwanzig Fahrzeuge von den luxemburgischen Staatsbahnen CFL bestellt worden waren.* Foto: DUEWAG

Rechts unten: *Für den Einsatz auf allen Schienensträngen waren natürlich auch die späteren Serienfahrzeuge vorgesehen.* Foto: DUEWAG

Links unten: *Ein Einzelgänger war der in Betzdorf (Ast Siershahn) beheimatete 795 176 (ex VT 95 9176), der versuchsweise mit gesickten Seitenwänden ausgestattet worden war. Am 10.August 1973 wartete er in Betzdorf auf die Weiterfahrt.* Foto: Wolf-Dietmar Loos

Diese Seite unten: *Wenige Wochen vor Ausmusterung der einmotorigen Schienenbusse begegnete 795 438 am 5.Mai 1980 in Biersdorf dem Fotografen. Heute wird die Strecke Betzdorf - Daaden von der Westerwaldbahn mit einem VT 628 der DB-Bauart betrieben.* Foto: Maarten van der Velden

Bis Ende 1953 waren VT 95.9 bei 46 Bahnbetriebswerke beheimatet; ein halbes Jahr später verfügten bereits 56 Dienststellen über die kleinen Arbeitstiere. Zum Jahresbeginn 1958 erreichte die Stationierung mit 80 Bahnbetriebswerken ihren absoluten Höhepunkt, wobei jeder zehnte von der Deutschen Bundesbahn erbrachte Personenzugkilometer auf einen Schienenbus entfiel. Vier Jahre später war es sogar jeder Fünfte! Zur Erhöhung der Beförderungskapazität hatte man hierfür bereits 1953 einige VT 95 mit einer Kleinsteuerung ausgerüstet, mit der bedarfsweise zwei miteinander gekuppelte Motorwagen von einem Führerstand aus bedient werden konnten. Da sich die „Doppeltraktion“ in der Praxis gut

bewährt hatte, wurden in der Folgezeit insgesamt 192 VT 95.9 nachgerüstet und die Steuerung ab VT 95 9960 bereits werkseitig eingebaut.

Die zweimotorigen VT 98.95 (Baureihe 798)

In Anbetracht der nicht auf allen Strecken zufriedenstellenden Leistungsfähigkeit der VT 95.9 beschaffte die Deutsche Bundesbahn im Jahre 1953 drei zweimotorige Schienenbusse, die aus der zweiten Lieferserie der Einmotorer abgeleitet worden waren und folglich mit diesen nahezu identisch waren. Im Gegensatz zu den ab Juli 1955 gelieferten Serienfahrzeugen der Baureihe VT 98.95 verfügten die drei beim Bw Passau stationierten Versuchsträger VT 98 901 bis 903 noch nicht über die vom Betriebspersonal geforderten

Oben: *Im Jahre 1969 halfen einige DB-Schienenbusse vorübergehend bei der Westfälischen Landes-Eisenbahn aus. Am 27.November 1969 stand eine aus 795 647/995 361/795 429 gebildete Einheit im WLE-Bahnhof Beckum zur Abfahrt bereit.* Foto: Wolf-Dietmar Loos

Rechts: *Der in Ludwigshafen beheimatete DB-Museumsschienenbus 795 240 ist eine feste Größe im Programm zahlreicher Reiseveranstalter. Am 21.Juli 1996 überquerte er im Rahmen einer Fotofahrt für Eisenbahnfreunde den Hoxeler Viadukt an der nicht mehr planmäßig befahrenen Strecke Langenlonsheim - Hermeskeil (ex KBS 607).* Foto: Jörg Hajt

Oben: *Auf der mit VT 798 bedienten Stichstrecke Coburg - Rodach konnte man noch in den siebziger Jahren unverfälschte Nebenbahnromantik genießen. Eine typische oberfränkische Lokalbahnstation war der Bahnhof Schweighof, der am 30.August 1976 von N 8065 erreicht wurde.*
Foto: Wolf-Dietmar Loos

Rechts: *Dank ihrer regulären Zug- und Stoßeinrichtungen konnten die zweimotorigen Schienenbusse auch normale Güter- oder Reisezugwagen überführen. (Aufnahme mit Ex 14263 am 18.März 1986 bei Vachendorf).* *Foto: Bernd Eisenschink*

Regelpuffer und Schraubenkupplungen, so daß auch sie nicht zur Einsparung einer Güterzuglokomotive im Nebenbahndienst beitragen konnten. Um die Einsatzmöglichkeiten der Schienenbusse sowohl auf steigungsreichen Nebenstrecken als auch im Hauptbahndienst ausweiten zu können, erhielten die VT 98.9 zwei jeweils 130 PS (Serienfahrzeuge 150 PS) starke Unterflurmotoren des Büssing-Typs U9A, die ab 1961 durch den neuentwickelten, ebenfalls 150 PS leistenden Unterflurdieselmotor U10 des selben Herstellers ersetzt wurden. Das gleiche Aggregat fand übrigens auch bei den 1962/63 von den Saarbahnen übernommenen VT 95 9901 bis 9915 Verwendung, die zwischen 1956 und 1958 als Lizenzprodukte bei der Saarbrücker Waggonfabrik Lüttgens gebaut und mit Motoren des französischen Herstellers Ber-

***Oben:** Reparaturarbeiten am 9.August 1973 im Bw Betzdorf.*

Foto: Wolf-Dietmar Loos

***Links oben:** Auch auf dicht befahrenen Hauptstrecken kamen die VT 798 regelmäßig zum Einsatz. Am 7.Juli 1982 bildete das Stadtbild von Gemünden den Hintergrund für den vorbeifahrenden N 7087.*

Foto: Bernd Eisenschink

***Links unten:** Reges Treiben herrschte am 4.November 1983 auf dem Markt in Grafenau (Bayr.Wald), als sich 798 670 und 998 833 bei einer Wendepause unter die Besucher „mischten".* Foto: Wolf-Dietmar Loos

stationierten Akku-Triebwagen ETA 150 (spätere Baureihe 515) auf die Dienste der zweimotorigen „Ferkeltaxen" verzichten konnten.

Die Zahradschienenbusse VT 97.9 (Baureihe 797)

Ein weiteres Kapitel in der Schienenbus-Ära bildeten die Zahnradschienenbusse der Baureihe VT 97.9. Um die Dampflokomotive auch auf Steilstrecken mit Zahnstangenbetrieb ablösen zu können, beauftragte die Deutsche Bundesbahn im Jahre 1958 die Waggonfabrik Uerdingen und die SLM Schweizerische Lokomotivfabrik Winterthur mit der Entwicklung eines Zahnradschienenbusses, für den folgende Vorgaben zu erfüllen waren:

- Basisfahrzeug VT 98.95
- Verwendung des bewährten Motor- und Getriebetyps
- Eignung für den Zahnrad- und Adhäsionsbetrieb
- Höchstgeschwindigkeit bei Bergfahrt mindestens 15 km/h
- uneingeschränkte Hauptbahntauglichkeit mit Vmax 90 km/h

Als Haupteinsatzgebiete wurden die beiden Zahnradstrecken Erlau - Wegscheid und Honau - Lichtenstein gesehen, die wegen ihrer aufwendigen Betriebsführung zu den teuersten Personenzugverbindungen in Deutschland zählten. Um die Zahnradschienenbusse auch in normalen Umläufen einsetzen zu können, hielten sich die Fahrzeughersteller sehr genau an die Vorgaben der Bahnverwaltung und lieferten 1961 mit VT 97 901 den ersten Zahnradschienen-

Für die Bedienung der Steilstrecken Erlau - Wegscheid und Honau - Lichtenstein beschaffte die DB in den Jahren 1961 bis 1964 acht Zahnradschienenbusse der Baureihe VT 97.9. Am 5.Mai 1968 kämpfte sich eine vierteilige Garnitur bei Honau die Steigung hinauf. Foto: Wolf-Dietmar Loos

797 901 am 27.April 1970 im Bw Tübingen. Foto: Wolf-Dietmar Loos

bus, der bis auf die technisch erforderlichen Abweichungen mit den normalen zweimotorigen Fahrzeugen identisch war. So verfügten auch die VT 97.9 (ab 1968 Baureihe 797.9) über eine Leistung von 2 x 150 PS, wobei jedoch das Drehmoment wahlweise auf die zwischen den Radsätzen angeordneten Zahnräder übertragen werden konnte. Der Radstand verkürzte sich durch den Einbau der Zahnradtechnik auf 5,90 m, was im Fahrbetrieb allerdings ohne nennenswerten Einfluß blieb. Abweichend vom Basismodell waren auch die Verwendung einer kombinierten Gummi-/Metallabfederung sowie eine zweistufig wirkende Knorr-Scheibenbremse für eine genau dosierbare Verzögerung im Zahnstangen- wie im Reibungsbetrieb. Außerdem diente eine einseitig wirkende Klinkenband-Klotzbremse als zusätzliche Sicherheit am Berg, weshalb Führerstand 1 stets zur Talseite hin laufen mußte. Die Auslieferung der insgesamt acht Zahnradschienenbusse erfolgte in zwei Serien. Während VT 97 902 bis 906 ein Jahr nach Indienststellung des Prototyps ihren Dienst antraten, rollten VT 97 907 und 908 als letzte DB-Schienenbusse erst 1965 aus den Werkshallen. Beide Fahrzeuge waren eigentlich für die Strecke Erlau - Wegscheid bestimmt, auf der sich bereits seit Januar 1964 VT 97 901 im Güterverkehr (!) nützlich gemacht hatte, doch gelangten auch sie infolge der im Juni 1965 vorgenommenen Streckenstillegung zum Bahnbetriebswerk Tübingen, das sie vorwiegend auf normalen Reibungsstrecken einsetzte. Nachdem zum Winterfahrplan 1969/70 auch zwischen Honau und Lichtenstein der Betrieb eingestellt werden mußte, folgte zwischen 1970 und 1973 der Ausbau aller Zahnradantriebe, was eine Umzeichnung in Baureihe 797.5 mit sich brachte. Die eigens für die Zahnradschienenbusse beschafften Steuerwagen VS 97 001 bis 006 waren bis auf eine zusätzliche Handbremse mit den normalen Steuerwagen identisch, so daß sie fortan in einem gemeinsamen Umlauf mit 798/998 eingesetzt wurden. Nachdem sich der 797-Bestand in Tübingen bis 1990 auf drei Fahrzeuge dezimiert hatte, schied am 29.November 1993 mit 797 505 der letzte ehemalige Zahnradschienenbus aus dem aktiven Dienst aus. Die bereits am 30.Juni bzw. 30.September 1992 ausgemusterten 797 502 und 503 befinden sich seit November 1996 in der Obhut der „Freunde der Zahnradbahn Honau - Lichtenstein“, die die Fahrzeuge mittelfristig wieder betriebsfähig aufarbeiten wollen.

Höhepunkt und Niedergang der Schienenbuseinsätze

Bis 1957 hatte die Deutsche Bundesbahn die stattliche Anzahl von 727 Schienenbussen erhalten, die zusammen rund 80 Millionen Streckenkilometer pro Jahr erbrachten. Mit der Auslieferung der letzten VT 98-Serie erhöhte sich der Bestand im Jahre 1962 auf insgesamt 924 Stück, zu denen noch 319 Steuerwagen, 899 Beiwagen und 57 einachsige Gepäckanhänger (VB 141) kamen. Die Prototypen mit eingerechnet, verließen 369 VT 95 und 230 VT 98 die Uerdinger Werkshallen. Hinzu kamen noch die acht zuvor beschriebenen Zahradschienenbusse VT 97. Bei MAN entstanden 200 VT 95 und 25 VT 98, während die Waggon- und Maschinenbau GmbH Donauwörth 85 VT 98 und die Saarbrücker Waggonfabrik Lüttgens 15 VT 95 fertigten. Für die Produktion der Steuer- und Beiwagen zeichneten außer den vorgenannten Herstellern auch die Firmen Credé (Kassel), Fuchs (Heidelberg), Orion (Eschwege) und Rathgeber (München) verantwortlich. Damit revolutionierten die Schienenbusse nicht nur den deutschen Nahverkehr, sondern entwickelten sich auch über viele Jahre hinweg zu Garanten für volle Auftragsbücher! Dabei konnte es den Fahrzeugherstellern natürlich gleichgültig sein, daß die Einsätze ihrer Erfolgsmodelle

Die am Ostrand des Ruhrgebiets beginnende Hönnetalbahn Unna - Neuenrade war über viele Jahre hinweg die einzige Schienenbusstrecke im „Kohlenpott“. Der landschaftlich schönste Teil befindet sich jedoch im Sauerland bei Klusenstein, wo diese Aufnahme am 18.Mai 1981 entstand. Foto: Wolf-Dietmar Loos

bereits wenige Jahre nach dem Produktionsende deutlich beschnitten wurden: Erreichten die „Kilometerfresser“ VT 95 im Jahre 1960 noch Laufleistungen von über 330 km pro Tag, sank die Zahl bis 1966 auf durchschnittlich 250 km ab. Bis Ende der sechziger Jahre hatte man die VT 95 immer stärker in untergeordnete Dienste gedrängt, wobei sie zahlreiche Stammleistungen an Diesellokomotiven der Baureihe

Oben: *Die KBS 462 Betzdorf - Dillenburg gehörte zu den letzten Betätigungsfeldern der Schienenbusse nördlich des Mains. Auf seinem Weg in die alte Oranierstadt beschleunigte N 8971 am 7.August 1994 aus dem Bahnhof Herdorf.* Foto: Jörg Hajt

Links: *Die KBS 991 Eichstätt Bahnhof - Eichstätt Stadt zeichnet sich bis heute durch einen besonders dichten Fahrplan aus. Am 4.Mai 1982 passierte N 5284 im letzten Abendlicht die weithin sichtbare Willibaldsburg.* Foto: Bernd Eisenschink

V 100 abtreten mußten. Außerdem gingen viele VT 95-Umläufe auf VT 98 über, womit sich der bislang gültige Kilometervorsprung der VT 95 zugunsten der zweimotorigen Ausführung wandelte. Darüber hinaus sorgten die von der DB massiv vorangetriebenen Konzentrationsmaßnahmen für eine Verringerung der Einsatzdienststellen, so daß mit Einführung der Computernummern zum 1.Januar 1968 nur noch 56 Bahnbetriebswerke mit der Beheimatung der nun als Baureihen 795,797 und 798 bezeichneten Schienenbusse betraut waren.

In den siebziger Jahren wurden die Leichtgewichte dann erstmals mit ihrer Ausmusterung konfrontiert: Komfortablere Nachfolger in Form der Baureihen 627 und 628, die Umbeheimatung anderswo freigesetzter Akku-Triebwagen sowie zahlreiche Streckenstillegungen ließen die ersten „roten Brummer" aufs Abstellgleis rollen. Während die leistungsstärkeren 798 hiervon noch weitgehend verschont blieben, traf es die Baureihe 795 wiederum sehr massiv. So löste zum Beispiel das Bw Fulda im Jahre 1973 seinen gesamten 795-Bestand auf und stellte seinen Fuhrpark auf 798 um, während das Bw Nördlingen die Schienenbusunterhaltung völlig einstellte und auf Nebenstrecken fortan lokbespannte Wagenzüge einsetzte. Gleiches galt auch für die Dienststelle Oberhausen, wo bereits drei Jahre zuvor sämtliche Schienenbusleistungen auf Akku-Triebwagen übergegangen waren. Bis 1975 hatten sich die 795 zudem aus Bayreuth, Darmstadt, Eschwege, Krefeld, Lübeck, Mainz, Mayen, Nürnberg, Offenburg, Passau und Regensburg verabschiedet, bevor schließlich zum 1.Juni 1980 ihre flächendeckende Ausmusterung erfolgte. Das letzte Dienstjahr erlebten lediglich 65 Fahrzeuge, die auf die acht Bahnbetriebswerke Betzdorf, Gießen, Heidelberg, Kassel, Köln-Nippes, Landau (Pfalz), Saarbrücken und Trier verteilt waren. Den größten Bestand hatte dabei das Bw Betzdorf zu verzeichnen, in dem bis zuletzt 24 VT 795 beheimatet waren. Nach dem Ausmusterungsstichtag verblieb mit 795 445 nur ein einmotoriger Schienenbus in der DB-Fahrzeugliste, der bis zu seinem Fristablauf am 29.August 1983 im Personalverkehr des Bahnbetriebswerkes Köln-Nippes eingesetzt wurde.

Die achtziger Jahre bescherten dann auch der zweimotorigen Version eine wechselvolle Entwicklung. Nachdem der DB-Vorstand sein erstes Ziel, die Ausmusterung aller VT 795, erreicht hatte, galt sein Bestreben nun verstärkt der Ablösung der restlichen Schienenbusse. Da jedoch bis 1979 lediglich elf 798 aus dem aktiven Dienst ausgeschieden waren, verfügte die DB zum 1.Januar 1980 noch immer über 318 Fahrzeuge, so daß an eine kurzfristige Ausmusterung nicht zu denken war. Dennoch sorgten die Auslieferung einiger Neubaufahrzeuge sowie zahlreiche Strecken- und Bw-Stillegungen für eine „natürliche" Bestandsbereinigung: Bis 1983 hatten die Bahnbetriebswerke Buchholz (Nordheide), Braunschweig, Radolfzell und Simmern ihren gesamten 798-Bestand verloren, während die Angliederung der Dienststellen Betzdorf an Siegen und Bestwig an Hagen mit dem Verlust einzelner Fahrzeuge einhergegangen war. Nachdem noch im selben Jahr das Ausbesserungswerk Kassel die Schienenbusinstandhaltung aufgegegeben hatte, erreichte die 798-Ausmusterung ihren ersten Höhepunkt. Bis zum 1.Januar 1984 war der Bestand auf 200 Stück ausgedünnt worden; 27 Fahrzeuge waren zudem von der Ausbesserung zurückgestellt worden. Zum Sommerfahrplan 1984 mußten sich schließlich die Bahnbetriebswerke Aschaffenburg und Hagen von ihren „Nebenbahnrettern" trennen, da hier sämtliche Umläufe von V 100 übernommen wurden. Durch die Auflassung des Bw Marburg war Gießen dagegen mit 47 Motorwagen zwischenzeitlich zum 798-Großbetriebswerk aufgestiegen und verfügte nun über das ausgedehnteste Einsatzgebiet aller 798-Dienststellen.

Renaissance und Außerdienststellung

Eine unerwartete Wende brachte das Jubiläumsjahr der deutschen Eisenbahn, 1985. Aufgrund ausstehender Streckenstillegungsgenehmigungen und einer aufgeschobenen Bestellung der Baureihe 628, erlebten die DB-Schienenbusse eine regelrechte Renaissance. Um die Ersatzteilversorgung nicht zu gefährden, wurde sogar ein Verkaufsverbot für ausgemusterte 798 verhängt und die Modernisierung einzelner Fahrzeuge beschlossen! Im September 1985 gingen im Westerwald alle 515-Leistungen auf 798 über; ein halbes Jahr später folgte die Strecke Ludwigshafen - Wörth. Damit hatten sich die „Nebenbahnretter" ihr einstiges Terrain zurückerobert, das sie Jahre zuvor an die Akku-Triebwagen verloren hatten. Weitere Streckengewinne gab es zudem in Augsburg, Karlsruhe und Oldenburg. Im Herbst 1986 bekam das seit einigen Jahren schienenbusfreie Bw Kassel gleich 16 VT 798 zugeteilt und im benachbarten Ausbesserungswerk wurden nach mehrjähriger Pause erstmals wieder drei Schienenbusse (Bw Hof) aufgearbeitet. Dabei erhielten sie für einen Modellversuch auf der Strecke Hof - Selb Stadt eine komplett neue Innenausstattung mit Stoffpolstern sowie einen neuen Außenanstrich. Die drei mustergültig aufgearbeiteten Fahrzeuge stießen bei der Bahnkundschaft auf ein so reges Interesse, daß sich die DB an ein weiteres „Schienenbus-Experiment“ heranwagte: Da die seit 1986 ausgelieferten 150 Triebwagen der Baureihe 628.2 überwiegend auf Hauptbahnen untergeordneter Bedeutung zum Einsatz kamen und damit nicht wie geplant zur massiven Ablösung der 798 beitragen konnten, beschloß die DB, weitere Schienenbusse für ausgesuchte Strecken zu modernisieren. Als Referenzstrecke wurde die Chiemgaubahn Prien - Aschau ausgewählt und hierfür die Rosenheimer 798 652 und 653 nebst Steuerwagen 998 896 dem Qualitätsstandard des neuen Bahnprodukts „RegionalBahn“ angepaßt. Dazu zählten unter anderem neue Polster, eine Lackierung in den RB-Farben Lichtgrau/Türkis sowie ein weithin sichtbarer Schriftzug „Chiemgau-Bahn“. Zudem erhielten die „Rosenheimer“ ein zusätzliches Gepäckabteil, wofür allerdings eine Sitzbank ausgebaut werden mußte. Am 30.Mai 1987 starteten die auf Einmannbetrieb umgerüsteten Fahrzeuge zu ihrer Jungfernfahrt und sorgten dank ihres Komfortzuwachses für einen spürbaren Fahrgastanstieg. Entgegen den ersten Planungen sollte die Modernisierung im Chiemgau jedoch ein Einzelfall bleiben, so daß ab 1988 lediglich 47 zwei- und dreiteilige Garnituren für den Einmannbetrieb umgerüstet und ab 1.Januar 1989 zur Baureihe 796 bzw. 996 umgezeichnet wurden. Ausgenommen von der Umzeichnung blieben überraschenderweise die Fahrzeuge der Chiemgau-Bahn, die eigentlich die Vorreiterrolle für einen rationellen Betriebseinsatz übernommen hatten. Da die modifizierten Garnituren vielfach in normalen 798-Umläufen verkehren mußten, konnte jedoch nicht immer auf den Zugbegleiter verzichtet werden, so daß sich der Umbau nur fallweise als wirtschaftlich erweisen sollte.

Bis zum 1.Januar 1990 war der Schienenbusbestand auf 126 Fahrzeuge geschrumpft, die sich auf die Bahnbetriebswerke Augsburg, Flensburg, Gießen, Hamburg 4, Hof, Karlsruhe, Kassel, Mühldorf, Siegen, Trier und Tübingen verteilten. Nur drei Jahre später, am 23.Mai 1993, waren die mittlerweile geschichtsträchtigen Fahrzeuge nur noch in

Das Eisenbahnjubiläumsjahr 1985 brachte den Schienenbussen eine kleine Renaissance, wozu auch die Wiederaufnahme des Personenzugdienstes im Westerwald gehörte. Als die zweiteilige Einheit am 21.August 1991 in Au die Sieg überquerte, war allerdings die Ablösung durch VT 628 bereits beschlossen. Foto: Berthold Vatteroth

Auch zwischen Siershahn und Limburg (KBS 629) waren die kleinen Arbeitstiere noch zu Beginn der neunziger Jahre im Einsatz. Am 2.Mai 1994 erlebten sie jedoch bei Dernbach ihren letzten Frühling. Foto: Jörg Hajt

Gießen, Karlsruhe, Mühldorf, Siegen und Tübingen beheimatet. Neu hinzu kam das Bw Nürnberg, das für die Bedienung der Strecken Pleinfeld - Gunzenhausen und Haßfurt - Hofheim zwei ehemalige Hofer 796/996-Einheiten erhalten hatte. Bis September 1994 hatten sich die verbliebenen Garnituren auch aus Gießen, Karlsruhe und Mühldorf verabschiedet, bevor schließlich im Juli bzw. September 1995 auch der Rückzug von den Strecken Haßfurt - Hofheim (Bw Nürnberg) und Betzdorf - Dillenburg bzw. Erndtebrück - Laasphe (Bw Siegen) erfolgte. Damit waren die DB-Schienenbusse planmäßig nur noch im Raum Tübingen anzutreffen, wo am Stichtag 1.Juli 1997 noch folgende Fahrzeuge eingesetzt wurden: 796 625, 796 702, 796 724, 796 739, 796 757, 796 828. Die Chiemgau-Schienenbusse waren bereits Ende Mai 1997 nach einem längeren Privatbahneinsatz im Bayerischen Wald zum Betriebshof Ulm umgesetzt worden, wo sie bis zu ihrem Fristablauf im Mai 1999 von der dortigen BSW-Gruppe für Touristikfahrten vorgehalten werden sollen. Die Ausmusterung der Tübinger 796 erfolgt zum Jahreswechsel 1998/99.

Oben: *Schienenbus nach Laasphe - seit September 1995 Vergangenheit.*
Foto: Jörg Hajt

Rechts oben: *Momentaufnahme im Bahnhof Würgendorf. Deutlich sind die nachträglich angebrachten Türöffner der Baureihe 796 zu erkennen.*
Foto: Jörg Hajt

Rechts unten: *Zur Angebotsverbesserung auf der Chiemgaubahn Prien - Aschau wurden die Wagen 798 652, 798 653 und 998 896 dem Qualitätsstandard des neuen Bahnprodukts Regionalbahn angepaßt, wozu auch eine Lackierung in Lichtgrau/Türkis zählte (Aufnahme am 16.Mai 1994 bei Vachendorf).* Foto: Johannes Hajt

Uerdinger Schienenbusse als internationaler Verkaufserfolg

Die Zuverlässigkeit der Schienenbusse sprach sich auch bei vielen ausländischen Bahnverwaltungen herum, so daß sich die kleinen Uerdinger zu regelrechten Exportschlagern entwickelten. So gelangten zum Beispiel in den Jahren 1980 bis 1982 insgesamt 28 ein- und zweimotorige DB-Fahrzeuge zur Staatsbahn von Uruguay, wo sie noch heute vereinzelt im Überlandverkehr eingesetzt werden. Auch die türkischen Staatsbahnen TCCD erwarben 1989 25 Motorwagen der Baureihe 798 und 40 Steuerwagen der Baureihe 998, die zuvor in Deutschland aufgearbeitet und in den Farben der Chiemgau-Bahn lackiert worden waren. Außerdem gingen vier klimaoptimierte 798 in den Libanon, wo jedoch der

Für die Übernahme des Personennahverkehrs im Großraum Düren erwarb die Dürener Kreisbahn im Frühjahr 1993 zehn DB-Schienenbusse, die bei der Teutoburger Wald-Eisenbahn grundlegend modernisiert wurden. Die Aufnahme entstand am 19.Juni 1994 auf der Rurtalbahn (KBS 484) in der Nähe von Zerkall. Foto: Jörg Hajt

Bei vielen deutschen Privatbahnen konnten sich die Uerdinger Schienenbusse nicht gegen die Konkurrenz aus dem Hause MAN behaupten. Auch die NIAG besitzt noch zwei MAN-Modelle aus dem Jahre 1957, die allerdings nur im Sonderzugdienst eingesetzt werden. Foto: Jörg Hajt

Bürgerkrieg den Fahrzeugen ein unerwartet schnelles Ende bereitete. Darüber hinaus wurden aber auch fabrikneue Schienenbusse ins Ausland geliefert. Vor allem in den fünfziger Jahren erzielte die Waggonfabrik Uerdingen mit ihrem Schienenbusprogramm beachtliche Exporterfolge, wobei zahlreiche österreichische Privatbahnen ebenso zu den Kunden zählten, wie die luxemburgischen Staatsbahn CFL, die bereits 1951 zehn Motor- und zehn Beiwagen der VT 95-Prototypbauart erhalten hatte. Ein Exemplar der CFL ist übrigens betriebsfähig erhalten und kann heute bei der Museumsbahn Fond de Gras „bewundert“ werden. Zudem gab es Verkäufe und Lizenzvergaben nach Italien, Jugoslawien, Österreich, Portugal und Spanien, das mit insgesamt 458 nachgebauten Motor- und Beiwagen entscheidend zur internationalen Verbreitung der Uerdinger Schienenbusse beigetragen hat. Weniger erfolgreich verliefen dagegen die Ge-

Ein Unikat ist der 1966 an die Hersfelder Kreisbahn gelieferte dreiteilige Gliederschienenbus VT 54 (Uerdingen/72448), der über einen Kurzkupplungsmechanismus und Wagenübergänge aus dem Straßenbahnbau verfügt. Foto: Jörg Hajt

schäfte mit deutschen Privatbahnen. Obwohl sich die Waggonfabrik Uerdingen durch ein spezielles Baukastensystem (leistungsgesteigerte Motoren für Schleppbetrieb, variable Sitzplatzzahlen usw.) schon sehr früh auf die Belange der Privat- und Kleinbahnen eingestellt hatte, konnte sie sich kaum gegen die Konkurrenz aus dem Hause MAN behaupten, so daß es bei vergleichsweise wenigen Aufträgen aus dem Inland blieb.

Ein zweites Leben wurde schließlich zahlreichen Schienenbussen nach ihrer Ausmusterung zuteil. Während die „roten Brummer" bei vielen Museumsbahnen gegenwärtig für eine willkommene Bereicherung des Fahrzeugbestandes sorgen und dort hoffentlich für viele Jahre der Nachwelt erhalten bleiben, bilden bzw. bildeten ehemalige 796 und 798 bei einigen neugegründeten Regionalbahnen erneut das Rückgrat im Personennahverkehr. Erinnert sei hier an den zwischen 1993 und 1995 währenden Einsatz von zehn ehemaligen DB-798 bei der Dürener Kreisbahn. Da der Privatbahn für die Übernahme des Personenverkehrs auf den Strecken Düren - Heimbach und Jülich - Düren keine geeigneten Fahrzeuge zur Verfügung standen, erwarb sie im Frühjahr 1993 die zehn DB-Triebwagen 798 514, 798 576, 798 590, 798 592, 798 633, 798 667, 798 670, 798 751, 798 752 sowie 798 808 und ließ sie bei der Teutoburger Wald-Eisenbahn aufwendig modernisieren. Die in den Produktfarben der Dürener Kreisbahn Weiß und Blau gehaltenen Fahrzeuge erfreuten sich bei den Fahrgästen einer unerwartet großen Beliebtheit und ebneten den 1995 ausgelieferten 16 Neubaufahrzeugen des DUEWAG-Typs „RegioSprinter" den Weg in eine erfolgreiche Zukunft. Ähnlich verhält es sich zur Zeit auch bei der Prignitzer Eisenbahn, die als neugegründetes Nahverkehrsunternehmen ebenfalls auf die Dienste ehemaliger DB-Schienenbusse setzt. Somit werden die „Ferkeltaxen" auch heute noch ihrer früheren Aufgabe gerecht, was in Anbetracht ihres hohen Alters für die einzigartige Qualität ihres Konzepts spricht.

Die DB-Schienenbusse im technischen Überblick

Baureihe	**VT 95 901 bis 910**	**VT 95 911**	**VT 95 9112**	**VT 795 1113 bis 9172**
Achsfolge	A1	A1	A1	A1
Spurweite	1435 mm	1435 mm	1435 mm	1435 mm
Vmax	90 km/h	90 km/h	90 km/h	90 km/h
Hersteller	Uerdingen	Uerdingen	Uerdingen	Uerdingen
Hersteller Motor	Büssing	Büssing	Büssing	Büssing
Hersteller Getriebe	ZF	ZF	ZF	ZF
Motorleistung	81 kW	81 kW	81 kW	81 kW
Nenndrehzahl	1800 U/min	1800 U/min	1800 U/min	1800 U/min
Hubraum	8725 ccm	8725 ccm	8725 ccm	8725 mm
Kraftübertragung	mechanisch	mechanisch	mechanisch	mechanisch
Dienstgewicht	11,5 t	11,1 t	13,2 t	13,2 t
Länge üP	10 650 mm	10 650 mm	13 150 mm	13 265 mm
Sitzplätze	41	46	51	63
Indienststellung	1950	1950	1952	1952-53

Baureihe	**VT 95 9173 bis 9174**	**VT 95 9175 bis 9269**	**VT 95 9270 bis 9369**	**VT 95 9370 bis 9384**
Achsfolge	A1	A1	A1	A1
Spurweite	1435 mm	1435 mm	1435 mm	1435 mm
Vmax	90 km/h	90 km/h	90 km/h	90 km/h
Hersteller	Uerdingen	Uerdingen	Uerdingen	MAN
Hersteller Motor	Büssing	Büssing	Büssing	Büssing
Hersteller Getriebe	ZF	ZF	ZF	ZF
Motorleistung	96-111 kW	96-111 kW	96-111 kW	96-111 kW
Nenndrehzahl	1800 U/min	1800 U/min	1800 U/min	1800 U/min
Hubraum	8725 ccm	8725 ccm	8725 ccm	8725 ccm
Kraftübertragung	mechanisch	mechanisch	mechanisch	mechanisch
Dienstgewicht	13,9 t	13,3 t	13,9 t	13,9 t
Länge üP	13 298 mm	13 298 mm	13 298 mm	13 298 mm
Sitzplätze	57	57	60	60
Indienststellung	1952	1952-53	1954	1954

Baureihe	VT 95 9385 bis 9659	VT 95 9660 bis 9669	VT 95 9901 bis 9915	VT 97 901 bis 908
Achsfolge	A1	A1	A1	Bo
Spurweite	1435 mm	1435 mm	1435 mm	1435 mm
Vmax	90 km/h	90 km/h	90 km/h	90 km/h*
Hersteller	MAN, Uerd.	MAN	Lüttgens	Uerdingen/SLM
Hersteller Motor	Büssing	Büssing	Berliet	Büssing
Hersteller Getriebe	ZF	ZF	ZF	ZF, SLM
Motorleistung	96-111 kW	96-111 kW	110 kW	2x111 kW
Nenndrehzahl	1800 U/min	1800 U/min	1900 U/min	1900 U/min
Hubraum	8725 ccm	8725 ccm	9000 ccm	9846 ccm
Kraftübertragung	mechanisch	mechanisch	mechanisch	mechanisch Zahnstange
Dienstgewicht	13,9 t	13,9 t	13,9 t	24,4 t
Länge üP	13 298 mm	13 298 mm	13 298 mm	13 950 mm
Sitzplätze	60	60	57	56
Indienststellung	1954-55	1955	1956 für Saarland	1961-65

Baureihe	VT 98 901 bis 903	VT 98 9501 bis 9825
Achsfolge	Bo	Bo
Spurweite	1435 mm	1435 mm
Vmax	90 km/h	90 km/h
Hersteller	Uerdingen	Uerdingen, MAN, WMD
Hersteller Motor	Büssing	Büssing
Hersteller Getriebe	ZF	ZF
Motorleistung	2x111 kW	2x111 kW
Nenndrehzahl	1800 U/min	1800 U/min
Hubraum	8725 ccm	8725 ccm/9846 ccm
Kraftübertragung	mechanisch	mechanisch
Dienstgewicht	18,9 t	20,3 t
Länge üP	13 298 mm	13 950 mm
Sitzplätze	60	60
Indienststellung	1953	1955-62

** im Zahnstangenbetrieb Vmax 19,3 km/h (Talfahrt) bzw. 14,4 km/h (Bergfahrt)*

Beheimatungsverzeichnis

	01.01.58		01.01.68		01.01.78		01.01.90		01.01.94	
Baureihe	**VT 95**	**VT 98**	**795**	**798**	**795**	**798**	**798**	**796**	**798**	**796**
Betriebswerk	**Stückzahl**									
Aalen	6	4	11	0	0	0	0	0	0	0
Altenkirchen	17	6	0	0	0	0	0	0	0	0
Ansbach	9	0	10	0	0	0	0	0	0	0
Aschaffenburg	5	5	5	6	0	15	5	0	0	0
Augsburg	11	0	18	3	0	6	8	0	0	1
Aulendorf	8	0	0	0	0	0	0	0	0	0
Bamberg	5	0	0	14	0	0	0	0	0	0
Bayreuth	5	0	13	0	0	0	0	0	0	0
Bergheim	4	0	0	0	0	0	0	0	0	0
Bestwig	0	9	0	11	0	10	0	0	0	0
Betzdorf	0	0	23	11	24	30	0	0	0	0
Braunschweig	13	0	0	25	22	0	0	0	0	0
Buchholz	10	6	17	13	0	13	0	0	0	0
Celle	8	0	0	0	0	0	0	0	0	0
Coburg	3	3	0	0	0	0	0	0	0	0
Cuxhaven	3	4	0	0	0	0	0	0	0	0
Darmstadt	12	5	17	9	0	0	0	0	0	0
Delmenhorst	9	0	6	0	0	0	0	0	0	0
Dieringhausen	4	0	17	15	0	0	0	0	0	0
Dortmund Bbf	5	0	0	0	0	0	0	0	0	0
Düren	0	0	26	0	0	0	0	0	0	0
Eschwege	9	0	12	0	0	0	0	0	0	0
Essen	0	0	5	0	0	0	0	0	0	0
Euskirchen	6	0	0	0	0	0	0	0	0	0
Finnentrop	7	0	0	0	0	0	0	0	0	0
Flensburg	0	0	0	0	0	0	6	0	0	0
Freiburg	2	0	0	0	0	0	0	0	0	0
Freilassing	3	4	1	5	0	0	0	0	0	0
Friedrichshafen	0	0	0	6	0	0	0	0	0	0
Fulda	8	5	7	9	0	0	0	0	0	0
Geldern	15	0	0	0	0	0	0	0	0	0
Gemünden	0	8	0	10	0	0	0	0	0	0
Gerolstein	0	0	8	0	17	0	0	0	0	0

	01.01.58		01.01.68		01.01.78		01.01.90		01.01.94	
Baureihe	**VT 95**	**VT 98**	**795**	**798**	**795**	**798**	**798**	**796**	**798**	**796**
Betriebswerk	**Stückzahl**									
Giessen	19	3	21	15	6	27	19	7	6	10
Goslar	0	6	0	0	0	0	0	0	0	0
Hagen 1	0	0	0	0	0	3	0	0	0	0
Hamburg 4	0	0	0	0	0	0	3	4	0	0
Hamm Pbf	6	0	4	0	0	0	0	0	0	0
Heidelberg	23	0	22	14	24	18	14	0	0	0
Heilbronn	4	1	11	3	0	0	0	0	0	0
Hof	9	0	10	0	0	25	3	11	0	0
Holzminden	11	0	14	0	0	0	0	0	0	0
Husum	10	0	4	12	0	11	0	0	0	0
Ingolstadt	8	0	8	1	0	0	0	0	0	0
Jülich	10	0	0	0	0	0	0	0	0	0
Jünkerath	11	0	0	0	0	0	0	0	0	0
Karlsruhe Hbf	0	4	0	0	0	0	12	0	3	0
Kassel 1	6	4	2	0	9	0	7	8	0	0
Kempten	11	8	11	11	0	10	0	0	0	0
Köln-Nippes	0	0	0	0	1	0	0	0	0	0
Konstanz	5	5	8	5	0	0	0	0	0	0
Krefeld	0	0	11	0	0	0	0	0	0	0
Landau/Pfalz	15	4	16	12	6	13	0	0	0	0
Landshut	0	4	0	0	0	0	0	0	0	0
Lauda	5	0	0	0	0	0	0	0	0	0
Lethmate	7	6	0	0	0	0	0	0	0	0
Lübeck	10	0	13	0	0	0	0	0	0	0
Lüneburg	6	0	0	0	0	0	0	0	0	0
Mainz	13	0	10	0	0	0	0	0	0	0
Marburg	7	5	5	8	0	18	0	0	0	0
Mayen	4	2	4	0	0	0	0	0	0	0
Mühldorf	0	0	4	8	0	0	19	0	18	0
München Hbf	0	0	0	1	0	0	0	0	0	0
Münster	7	0	0	0	0	0	0	0	0	0
Neumünster	10	0	5	0	0	0	0	0	0	0
Nördlingen	8	0	0	0	0	0	0	0	0	0
Nürnberg Hbf	3	0	0	0	0	0	3	0	0	3
Oberhausen	30	0	17	0	0	0	0	0	0	0
Offenburg	6	0	0	9	0	0	0	0	0	0

	01.01.58		01.01.68		01.01.78		01.01.90		01.01.94	
Baureihe	**VT 95**	**VT 98**	**795**	**798**	**795**	**798**	**798**	**796**	**798**	**796**
Betriebswerk	**Stückzahl**									
Oldenburg Hbf	11	6	6	9	0	0	0	0	0	0
Osnabrück Vbf	9	0	0	0	0	0	0	0	0	0
Osnabrück Rbf	0	0	18	4	0	0	0	0	0	0
Passau	5	6	4	6	0	0	0	0	0	0
Pforzheim	3	0	0	0	0	0	0	0	0	0
Plattling	5	5	0	18	0	12	0	0	0	0
Plochingen	6	0	0	0	0	0	0	0	0	0
Radolfzell	0	0	0	12	0	19	0	0	0	0
Rahden	6	0	0	0	0	0	0	0	0	0
Regensburg	6	0	7	0	0	0	0	0	0	0
Rheine	3	0	0	0	0	0	0	0	0	0
Rosenheim	4	9	3	12	0	25	0	0	0	0
Rottweil	3	1	0	0	0	0	0	0	0	0
Saarbrücken	6	0	17	0	0	0	0	0	0	0
Schongau	0	7	0	0	0	0	0	0	0	0
Schwandorf	0	0	0	9	0	0	0	0	0	0
Siegen	0	0	0	0	0	0	0	7	0	6
Simbach	4	1	0	0	0	0	0	0	0	0
Simmern	6	4	4	4	0	0	0	0	0	0
Stolberg	9	0	0	0	0	0	0	0	0	0
Trier	10	3	15	6	6	14	4	0	0	0
Tübingen	2	3	10	12	0	17	2	10	6	10
Uelzen	0	0	26	0	0	0	0	0	0	0
Weiden	8	0	12	0	0	0	0	0	0	0
W-Steinbeck	17	0	18	0	0	0	0	0	0	0
Villingen	0	5	0	0	0	0	0	0	0	0

	01.01.64	01.01.68	01.01.78	01.01.90	01.01.94
Baureihe	**VT 97**	**797**	**797**	**797**	**797**
Betriebswerk	**Stückzahl**				
Passau	1	0	0	0	0
Tübingen	5	8	8	3	1

Zu Seite 50: *Die KBS 132 Heide - Neumünster war eine der nördlichsten Einsatzstrecken der Uerdinger Erfolgsmodelle. Am 23.Juli 1991 passierte N 5161 die kombinierte Straßen- und Eisenbahnbrücke bei Grünental.* Foto: Berthold Vatteroth

Zu Seite 51: *Eine typische norddeutsche Kleinbahnstation ist der Bahnhof Albersdorf. Am 20.Juli 1989 sorgten hier noch Schienenbusse für das passende Ambiente. Heute wird der Gesamtverkehr mit Neubautriebwagen der Baureihe 628 abgewickelt.* Foto: Berthold Vatteroth

Oben: *Auch in Ostfriesland waren Schienenbusse aktiv. Am 24.August 1973 wartete eine dreiteilige Garnitur im Bahnhof Norden auf den Abfahrauftrag.* Foto: Wolf-Dietmar Loos

Rechts: *Der Bahnhof Lüchow wird heute nur noch vereinzelt von Güterzügen erreicht. Am 21.April 1973 hielten dagegen noch 795 473 und 995 090 den bescheidenen Fahrgastbetrieb nach Dannenberg Ost aufrecht.* Foto: Wolf-Dietmar Loos

Lüchow.

F

Links: *Zwischen Soltau und Uelzen kam 798 803 am 13.April 1980 an der ehemaligen Blockstelle Allenbostel vorbei.* Foto: Wolf-Dietmar Loos
Oben: *Die im Volksmund „Haller Willem“ genannte KBS 402 Bielefeld - Osnabrück wurde Anfang der siebziger Jahre mit Akkutriebwagen und Schienenbussen bedient. Am 13.Mai 1974 begegneten sich die ungleichen Nahverkehrstriebwagen in Borgholzhausen.* Foto: Wolf-Dietmar Loos

Links: *Die nordhessische Stichstrecke Treysa - Oberaula wird heute nur noch von Güter- und Museumszügen befahren. Als 798 517 am 6.Juli 1981 den Endbahnhof erreicht hatte, herrschte hier noch ein intakter Personenverkehr.* Foto: Bernd Eisenschink

Oben: *Zwischenzeitlich ist die KBS 612 Kassel - Volkmarsen fest in der Hand der modernen Bahn. Am 19.Oktober 1993 konnte sich der Fotograf dagegen noch an einer dreiteiligen Schienenbusgarnitur erfreuen.* Foto: Jörg Hajt

Rechts: *Die Rhönbahn Fulda - Gersfeld (KBS 616) war eine der ersten mit Schienenbussen bedienten Nebenstrecken, auf der die DB den Wochenendverkehr wieder einführte. Am 27.Februar 1986 fuhr N 5912 bei Eichenzell in einen stimmungsvollen Morgen.* *Foto: Bernd Eisenschink*
Oben: *Blick auf den inzwischen vollständig zurückgebauten Rangierbahnhof Hohenbudberg. Als hier 798 813 am 23.Mai 1980 vollbesetzt vorbeirauschte, ahnte sicherlich niemand, daß Bahnhof und Schienenbus wenige Jahre später bereits Geschichte sein würden.* *Foto: Wolf-Dietmar Loos*

Oben: *Fast ein Heimspiel: Auch der Krefelder Hauptbahnhof gehörte zum festen Repertoire der roten Brummer. Am 17.Juni 1973 sorgte allerdings der „Tag der deutschen Einheit" für eine äußerst unzureichende Auslastung.* Foto: Wolf-Dietmar Loos

Rechts: *Außer auf den Nebenbahnen im Niederbergischen setzte das Bahnbetriebswerk Wuppertal-Steinbeck seine Fahrzeuge auch auf elektrifizierten Hauptstrecken ein (Aufnahme am 14.Juli 1973 in Wuppertal-Sonnborn).* Foto: Wolf-Dietmar Loos

DB

Oben: *Gesellschaftsfahrten führen die Schienenbusse regelmäßig in das Vollmetal zurück. Am 28.April 1995 unterquerte ein Sonderzug der Eisenbahnfreunde Hönnetal das markante Brückenstellwerk in Brügge (Westfalen).* Foto: Jörg Hajt

Links: *Abseits jeglicher Elektrifizierung war Turmtriebwagen 702 134 am 15.Oktober 1996 auf der KBS 458 Wuppertal - Solingen-Ohligs unterwegs. Kurz nach Verlassen des Solinger Hauptbahnhofs erreichte er dabei den nur wenige Meter langen Weyersberger Tunnel.* Foto: Jörg Hajt

Zu Seite 64/65: *Die landschaftlich äußerst reizvolle KBS 444 Erndtebrück - Laasphe wurde zuletzt von nur einem Schienenbuspaar befahren. Mit rund zehnminütiger Verspätung brummte am 19.Oktober 1994 der mittägliche Schülerzug bei Feudingen vorbei.* Foto: Jörg Hajt

Von einer kleinen Lichtung oberhalb des Herdorfer Tunnels bot sich dieser Ausblick auf die KBS 462 Betzdorf - Dillenburg. Als die von Neunkirchen kommende RB 8980 den Abschnitt am 6.Juli 1995 durchfuhr, war der eingleisige Rückbau der Strecke bereits abgeschlossen. Foto: Jörg Hajt

Für die Bewältigung des umfangreichen Schüler- und Pendlerverkehrs setzte die DB auf der Daadetalbahn (KBS 463) bis zu vierteilige Zugkompositionen ein. Vor der dem Weichbild von Biersdorf rollte N 6770 am 5.Oktober 1989 in den örtlichen Bahnhof. Foto: Berthold Vatteroth

Oben: *Die Schienenbuseinsätze im Rheintal beschränkten sich auf wenige Nebenstrecken. Am 14. September 1981 verließ ein buntgeschmückter Vierteiler als N 6885 die ehemalige Reichsstadt Boppard in Richtung Hunsrück.* Foto: Bernd Eisenschink

Links: *Die KBS 629 Siershahn - Limburg war die letzte Verbindung im Westerwald, auf der planmäßig Schienenbusse verkehrten. Als der aus vier Wagen gebildete N 6878 am 2.Mai 1993 den Niedererbacher Viadukt überquerte, gehörten sie noch zum gewohnten Bild.* Foto: Jörg Hajt

Zu Seite 74/75: *Auf der mittlerweile nur noch zwischen Herborn und Hartemrod betriebenen KBS 624 rumpelte N 8266 (Marburg - Dillenburg) am 13.Mai 1992 durch das frühlingshafte Übernthal.* Foto: Berthold Vatteroth

Oben: *Seit dem 30.Mai 1981 ruht der Personenverkehr auf der Nebenbahn Kall - Hellenthal (ex KBS 432), deren Ortsdurchfahrt in Olef zu den schönsten Fotomotiven der Eifel zählt.* *Foto: Jörg Hajt*

Rechts: *Auf seiner Rückfahrt von Mayen West nach Gerolstein erreichte 795 240 am Abend des 20.Juli 1996 das Eifelstädtchen Rengen.* *Foto: Jörg Hajt*

Links: *Die oberhalb der Neckartalbahn gelegene Burg Zwingenberg bildete am 22.Oktober 1985 die Kulisse für den nur aus Epoche 3-Fahrzeugen gebildeten N 7325.* Foto: Bernd Eisenschink

Oben: *Nach Stillegung der Relation Gessertshausen - Markt Wald war die Nebenbahn Günzburg - Mindelheim (KBS 978) die letzte Einsatzstrecke der Augsburger Schienenbusse. Im ersten Morgenlicht war N 6881 am 4.Mai 1990 bei Hausen unterwegs.*

Echte Nebenbahnatmosphäre herrschte am 16.September 1981 im Bahnhof Aglasterhausen (KBS 707), der inzwischen von der Südwestdeutschen Verkehrs AG betrieben wird. Längst haben hier NE 81-Triebwagen den Gesamtverkehr übernommen. Foto: Bernd Eisenschink

Bis zu sechsteilige Schienenbusse wickelten den Personenverkehr auf der Renchtalbahn Offenburg - Bad Griesbach (KBS 718) ab. Am 20.Februar 1991 fuhr eine solche Einheit als N 4733 bei Löcherberg durch die schneebedeckte Landschaft. Foto: Berthold Vatteroth

Oben: *Im Bayrischen Wald übernahm die Regentalbahn in den letzten Jahren zahlreiche Nebenstrecken. Hierzu gehört auch die Waldbahn Plattling - Bayerisch Eisenstein (KBS 905), auf der sich am 11.September 1985 noch eine 798-Einheit als N 7168 nützlich machte.* Foto: Bernd Eisenschink
Rechts: *Seit 1992 kommen auf der Strecke Cham - Waldmünchen (KBS 879) ebenfalls Triebwagen der Regentalbahn zum Einsatz. Am 29.September 1986 wartete dagegen noch 798 737 als N 7513 auf die abendlichen Fahrgäste.* Foto: Bernd Eisenschink

Die KBS 944 Mühldorf - Rosenheim war eine der klassischen Schienenbusverbindungen in Oberbayern. In gemächlicher Fahrt bummelte N 5375 am 13.Mai 1988 bei Rott am Inn (KBS 944) durch den Frühling. Foto: Bernd Eisenschink

Der zwischen Ebersberg und Wasserburg (KBS 948) verkehrende „Filzenexpress“ war seit Jahrzehnten eine Stammleistung der einstigen Nebenbahnretter. Am 15.Mai 1994 knatterte ein Triebwagen der Baureihe 798 bei Oberndorf durch die von Landwirtschaft geprägte Region. Foto: Jörg Hajt

Oben: *Auf seiner Fahrt von Garching nach Traunstein passierte der fast menschenleere N 6435 am 16.Mai 1994 das südliche Einfahrsignal von Hörpolding.* Foto: Jörg Hajt

Zu Seite 86/87: *Zwischen Schalchen und Trostberg verläuft die KBS 947 Mühldorf - Traunstein entlang des Alz-Kanals. Mit mehr als zwanzig Minuten Verspätung eilte N 6434 am 8.Mai 1993 seinem nächsten Halt in Schalchen entgegen.* Foto: Jörg Hajt

Oben: *Wie ein Produkt der Modellbahnindustrie wirkt der kleine Solotriebwagen angesichts dieses imposanten Naturdenkmals bei Unteraschau (KBS 959 Traunstein - Waging). Foto: Jörg Hajt*

Zu Seite 90/91: *Der Verkehr auf der Chiemgaubahn Prien - Aschau (KBS 952) wurde seit Mai 1987 von den modernisierten Schienenbussen 798 652, 798 653 und 998 896 bewältigt. Vor dem beeindruckenden Panorama der Chiemgauer Berge verließ RB 14810 am 15.Mai 1994 das Städtchen Aschau. Foto: Jörg Hajt*

972 616-7

Pendants im Osten:
Die Leichtverbrennungstriebwagen 771/772

Obgleich die Leichtverbrennungstriebwagen aus Bautzen und Görlitz nicht als direkte Verwandte der Uerdinger Schienenbusse gelten können, weisen sie dennoch zahlreiche Gemeinsamkeiten auf. Neben der hohen Wirtschaftlichkeit und der konsequent durchdachten Leichtbauweise ist hier vor allem der unterflur eingebaute Motor zu nennen, der trotz der kompakten Außenmaße für ein verhältnismäßig großzügiges Platzangebot sorgt.

Die Entwicklung der inzwischen als Baureihen 771 und 772 bezeichneten Nahverkehrstriebwagen begann im Jahre 1955, nachdem auf dem 25. Plenum des Zentralkomitees der SED die „Anwendung von modernster Technik im Verkehrswesen" beschlossen worden war. Wie schon der Deutschen Bundesbahn zuvor, bereiteten auch der Deutschen Reichsbahn die hohen Betriebskosten der dampfgeführten Nebenbahnzüge große Sorgen. Darüber hinaus machte sich auch die eingeschränkte Verfügbarkeit von Kohle negativ bemerkbar, so daß sich die Verantwortlichen der DDR-Eisenbahnen sehr eindringlich für eine Verdieselung des gesamten Rangier- und Nebenbahndienstes ausgesprachen. Für die Bedienung wenig frequentierter Haupt- und Nebenstrecken entwarf der VEB Waggonbau Bautzen daraufhin einen Leichtverbrennungstriebwagen, der bereits Ende 1957 als VT 2.09.001 der sozialistischen Führung vorgestellt wurde. Da kein geeigneter Antrieb aus heimischer Produktion zur Verfügung stand, mußte auf einen Büssing-Unterflurdieselmotor des Typs U10 zurückgegriffen werden, wie er auch im Uerdinger Schienenbus Verwendung fand. Gleiches galt auch für das Schalt- und Achswendegetriebe, das von der Zahnradfabrik Friedrichshafen geliefert wurde. Der strenge Winter und diverse Probleme mit der Materialfestigkeit verhinderten eine umgehende Aufnahme der Versuchsfahrten, so daß der Prototyp erst im April 1958 zu seiner Jungfernfahrt starten konnte. Am 17. Juni 1958 folgte schließlich die erste öffentliche Rundfahrt durch das Erzgebirge, bevor der Wagen wenige Tage später der Reichsbahn-Versuchsanstalt für Motorfahrzeuge in Dessau übergeben wurde. Dort stand ein ausgedehntes Testprogramm auf dem Dienstplan, das erst mit der vorläufigen Betriebszulassung und Überstellung zum Bw Haldensleben am 16.März 1959 seinen Abschluß fand. Nachdem der Leichtverbrennungstriebwagen auch seine Alltagstauglichkeit bewiesen hatte, wechselte er am 5. Januar 1960 aus dem Besitz des VEB Waggonbau Bautzen in den Bestand der Deutschen Reichsbahn. Bereits im Frühjahr 1959 hatte Bautzen mit VT 2.09.002 einen zweiten Erprobungsträger fertiggestellt, der über einen Wagenkasten in gemischter Stahl-Aluminium-Leichtbauweise verfügte, was zwar eine erhebliche Gewichtsersparnis brachte, für eine Serienfertigung jedoch eindeutig zu teuer war. Dies traf auch für den aus DDR-Fertigung (Motorenwerk Berlin-Johannisthal) stammenden Leichtmetallmotor zu, so daß bei der späteren Serienfertigung auf einen 180 PS starken Graugußmotor des VEB Elbewerk Roßlau zurückgegriffen wurde.

Im Jahre 1962 folgte eine erste Nullserie von fünf Motorwagen samt den dazugehörigen Beiwagen, die bei der Reichsbahn als VT 2.09.003 bis 2.09.007 eingereiht wurden. Die Fahrzeuge entsprachen optisch den beiden Prototypen, doch hatte man die Technik auf den neuesten Stand gebracht. Im Oktober 1963 begann schließlich die Auslieferung der Serienfahrzeuge VT 2.09.008 bis 2.09.070, die in den Bahnbetriebswerken Cottbus, Erfurt P, Frankfurt, Gotha, Haldensleben, Hoyerswerda, Lutherstadt-Wittenberg, Prenzlau, Reichenbach, Seddin, Templin und Zittau beheimatet wurden. Damit hatte man die 70 Neubaufahrzeuge unsinnigerweise auf 12 Dienststellen verteilt, was verständlicherweise nur zu einer punktuellen Ablösung der Dampflokomotive führen konnte. Das 16 Triebwagen umfassende Baulos des Jahres 1965 (Baureihe VT 2.09.1) erweiterte den Fahrzeugbe-

***Links:** Die 1962 in Serie gegangenen Leichtverbrennungstriebwagen der späteren DR-Baureihen 171 und 172 bildeten das Pendant zu den westdeutschen Schienenbussen. Am 28.Juni 1995 stand eine zweiteilige Einheit im Bahnhof Meuselwitz.* Foto: Jörg Hajt

772 106-1

stand dagegen nur in Cottbus, Frankfurt, Reichenbach und Seddin. Zu allen Motorwagen lieferte der VEB Waggonbau Bautzen eine gleiche Anzahl führerstandsloser Beiwagen der Reihe VB 2.07.5, so daß zwei- bis dreiteilige Einheiten gebildet werden konnten. Wie bei den DB-Schienenbussen der Baureihe VT 95 mußten auch bei den LVT die Motorwagen in den Endbahnhöfen umgesetzt bzw. bei Zugbildungen mit zwei Motorwagen jeder Führerstand besetzt werden. Dieser Umstand führte letztlich zu dem Entschluß, nachfolgende Lieferungen mit einer Vielfachsteuerung auszurüsten und eine entsprechende Anzahl von Steuerwagen in Auftrag zu geben. Bereits 1964 rollten zwei derart ausgestattete Triebwagen aus der Bautzener Werkshalle, denen 14 weitere folgten. Vier Jahre später beschaffte die Deutsche Reichsbahn nochmals 73 Trieb- sowie 89 Steuerwagen (VS 2.08.1 bzw. VS 2.08.2).

Mit Einführung der EDV-Nummern wurden die Triebwagen ab 1970 als Baureihen 171 (ohne Vielfachsteuerung) und 172 (mit Vielfachsteuerung) bezeichnet; 1992 erfolgte die Umbennung in Baureihe 771 bzw. 772. Die blutrote Farbgebung, gepaart mit den rundlichen Stirnseiten der ersten 32 Fahrzeuge, ließ die DR-Schienenbusse jedoch eher als „Blutblasen“ bekannt werden, wobei der Volksmund in einigen Regionen auch die Bezeichnung „Ferkeltaxe“ bereithält. Allen „Blutblasen“ (einschließlich Bei- und Steuerwagen) gemeinsam ist übrigens ein einheitlicher Wagenkasten von 13,550 m Länge, der auf vier Schraubenfedern ruht. Die erforderliche Stabilität wird in der Längs- und Querrichtung durch verschleißfreie Lenker erreicht, die im Fahrgestellrahmen und im Untergestell gelagert sind. Zur Optimierung der Laufeigenschaften sind zudem vier Stoßdämpfer zwischen Wagenkasten und Fahrgestellrahmen angebracht. Hinsichtlich der verwendeten Zug- und Stoßeinrichtungen ergeben sich interessante Parallelen zum VT 95: So verfügen alle Fahrzeuge über einfache Stoßeinrichtungen (Hartgummipuffer) und eine automatisch wirkende Scharfenbergkupplung, bei der etwaige Abschleppmanöver mittels einer Hilfskupplung erfolgen, die interessanterweise über einen Luftschlauch für die Bremse verfügt. Die fehlende Schraubenkupplung verhindert auch bei den 771/772 das bedarfsweise Mitführen eines Kurs- oder Güterwagens, was in der Vergangenheit bei der Deutschen Reichsbahn allerdings nicht annähernd so häufig beklagt wurde wie einst bei der Deutschen Bundesbahn.

Im Innenraum bieten die Triebwagen abteilartig angeordnete Sitzbänke mit der Reihung 2+3 sowie zwei an die Toilette bzw. an den Einstiegsbereich angrenzende Halbabteile. Die Sitzplatzkapazität ist mit 54 Plätzen ausreichend bemessen und bewegt sich auf 798-Niveau. Jede Fahrzeugseite besitzt zwei Drehtüren, die elektropneumatisch geöffnet bzw. geschlossen werden. Die Bei- und Steuerwagen haben zudem ein Traglastenabteil mit Klappsitzen und einer Sitzbank an der Stirnseite, was die Beförderungskapazität auf 57 Sitzplätze erhöht. Bereits seit Herbst 1991 ist die Einheit 772 009 und 972 609 in der mittlerweile überholten RegionalBahn-Optik unterwegs, zu der neben der Lackierung in Lichtgrau/Türkis auch neue Stoffpolstersitze, Textilbodenbeläge und eine geänderte Innenbeleuchtung gehören. Zudem wurde auch die Führerstandskabine großflächig verglast, so daß die Fahrgäste ohne Störung des Triebfahrzeugführers eine hervorragende Streckensicht genießen können. Die modifizierte „Vorzeige-Einheit“ diente als Vorbild für die 1992 begonnene Modernisierung der „Ferkeltaxen“, bei der unter anderem auch neue MAN-Motoren, punktförmige Zugbeeinflussung (PZ 80) und Zugbahnfunk (MESA) eingebaut wurden. Ferner wurden alle Fahrzeuge geräuschgedämmt und die Beiwagen zu Steuerwagen umgebaut. Ab den im Oktober 1993 modernisierten 772 139 und 972 139 kamen noch ein Voith-Diwa-Achswendegetriebe, ergonomisch gestaltete Führerpulte und eine digitale Geschwindigkeits- und Fahrtzielanzeige hinzu. Während die westdeutschen Schienenbusse im Laufe des Jahres 1998 aus dem Plandienst ausscheiden, werden die modernisierten Ost-Pendants wohl auch im nächsten Jahrtausend zum gewohnten Bild auf dem Streckennetz der ehemaligen Deutschen Reichsbahn zählen. Somit bleibt wenigstens in den neuen Bundesländern ein Hauch von Nebenbahnatmosphäre erhalten, den viele Eisenbahnfreunde seit dem Ausscheiden von VT 95 und VT 98 im Westen so schmerzlich vermissen.

Links: *Eine der ersten Einsatzstrecken der modernisierten 771/772 war die Nebenbahn Gotha - Gräfenroda, auf der sich am 5.Mai 1995 772 106 bei Frankenhain die Steigung hinaufquälte.* Foto: Jörg Hajt

Die LVT im technischen Überblick

Baureihe	VT 2.09.001	VT 2.09.002
ab 1970	171 001	171 002
Achsfolge	A1	A1
Vmax	95 km/h	95 km/h
Spurweite	1435 mm	1435 mm
Hersteller	VEB Waggonbau Bautzen	VEB Waggonbau Bautzen
Hersteller Motor	Büssing	VEB Motorenwerk Berlin-Johannisthal
Hersteller Getriebe	Zahnradfabrik Friedrichshafen	VEB Getriebewerk Gotha
Motorleistung	111 kW	132 kW
Nenndrehzahl	1800 U/min	1600 U/min
Krafübertragung	mechanisch	mechanisch
Dienstgewicht	14 t	14,3 t
Länge üP	13 550 mm	13 550 mm
Sitzplätze	54	54
Indienststellung	1960	1960

Baureihe	VT 2.09.003 bis 070	VT 2.09.101 bis 116
ab 1970	171 003 bis 070	172 001 bis 016
ab 1992	771 003 bis 070	772 001 bis 016
Achsfolge	A1	A1
Vmax	90 km/h	90 km/h
Spurweite	1435 mm	1435 mm
Hersteller	VEB Waggonbau Bautzen	VEB Waggonbau Bautzen
Hersteller Motor	VEB Elbewerk Roßlau ab 1992 auch MAN	VEB Elbewerk Roßlau ab 1992 auch MAN
Hersteller Getriebe	VEB Getriebewerk Gotha ab 1992 auch Voith	VEB Getriebewerk Gotha ab 1992 auch Voith
Motorleistung	132 kW	132 kW
Nenndrehzahl	1500 U/min	1500 U/min
Krafübertragung	mechanisch	mechanisch
Dienstgewicht	19,6 t	19,4 t/22,1 t
Länge üP	13 550 mm	13 550 mm
Sitzplätze	54	54
Indienststellung	1962 -64	1964-65

Baureihe	VT 2.09.201 bis 273
ab 1970	172 101 bis 173
ab 1992	771 101 bis 173
Achsfolge	A1
Vmax	90 km/h
Spurweite	1435 mm
Hersteller	VEB Waggonbau Görlitz
Hersteller Motor	VEB Elbewerk Roßlau, ab 1992 auch MAN
Hersteller Getriebe	VEB Getriebewerk Gotha, ab 1992 auch Voith
Motorleistung	132 kW
Nenndrehzahl	1500 U/min
Krafübertragung	mechanisch
Dienstgewicht	19,4/22,1 t
Länge üP	13 550 mm
Sitzplätze	54
Indienststellung	1968-69

Noch in der klassischen „Blutblasen-Optik" fuhren 972 755 und 772 155 am 21.September 1992 in den Bahnhof Fröttstädt ein. Heute zählen Fahrzeuge in der roten Farbgebung bereits zu den Raritäten. Foto: Maarten van der Velden

DB
701 038-2
DB
701 038-2

Artverwandt: Schienenbusvarianten im Bahndiensteinsatz

Die Turmtriebwagen der Baureihen 701/702

Die geringen Betriebskosten und die überdurchschnittliche Zuverlässigkeit der Uerdinger Schienenbusse führten bei der Deutschen Bundesbahn schon früh zu dem Entschluß, das Konstruktionsprinzip auch für eine Serie neu zu beschaffender Bahndienstfahrzeuge zu nutzen, so daß bereits 1955 der erste Turmtriebwagen auf Basis der neuentwickelten VT 98.95 ausgeliefert werden konnte. Die bis 1974 in einer Stückzahl von 165 Exemplaren gebauten Oberleitungsrevisionsfahrzeuge entstanden als Gemeinschaftsprojekt der Maschinenfabrik Donauwörth und des Bundesbahn-Zentralamtes München, wobei an der Produktion auch die Firma Rathgeber beteiligt war. Das erste Baulos umfaßte 142 zweimotorige Triebwagen der Baureihe 701; ab 1961 folgten schließlich 23 Fahrzeuge mit nur einer Antriebsquelle und einer hydromechanischen Bremsanlage für die Befahrung von Steilstrecken (Baureihe 702).

Die für ihr Aufgabengebiet optimal ausgerüsteten Turmtriebwagen unterscheiden sich optisch vor allem durch ihre hydraulische Arbeitsbühne und dem Dachstromabnehmer zur Massenerdung von den Basisfahrzeugen, was durch den seit einigen Jahren obligatorischen gelben Warnanstrich noch zusätzlich betont wird. Ansonsten verfügen die Baureihen 701 und 702 über die exakt gleichen Leistungsdaten wie die im Personenverkehr eingesetzten Schwestermodelle, so daß auch ihre Höchstgeschwindigkeit bei lediglich 90 km/h liegt, was bei Überführungsfahrten auf Schnellfahrstrecken häufig für erhebliche Störungen des Zugbetriebes sorgt. Ein schnellerer Nachfolger wurde daher bereits 1977 auf Basis der Baureihe 627 entwickelt, doch werden die „TVT-Schienenbusse" auch in den nächsten fünf bis zehn Jahren ein gewohnter Anblick auf dem DB-Streckennetz bleiben.

***Links:** Turmtriebwagen 701 038 am 21.März 1996 bei Reparaturarbeiten in Bochum-Riemke. Sehr deutlich ist hier die Funktion der Arbeitsbühne zu erkennen.* Foto: Jörg Hajt

Der Schienenprüfzug der Baureihe 721/722

Für die regelmäßige Schienenprüfung per Ultraschall stellte die Deutsche Bundesbahn im Jahre 1957 einen Meßzug in Dienst, der aus dem Umbau des fast fabrikneuen Motorwagens VT 98 9552 und des Steuerwagens VS 98 022 entstanden war. Die zunächst als Han5087 (VT) bzw. Han5088 (VS) bezeichnete Bahndiensteinheit wurde dem Bundesbahn-Zentralamt Minden zugeteilt, das sie auf dem gesamten Streckennetz der DB einsetzte. Da der Schienenprüfzug für lange Zeit der einzige seiner Art in Europa war, kam er zudem auch bei zahlreichen ausländischen Bahnverwaltungen zum Einsatz. Mit einer Prüfgeschwindigkeit von 30 km/h konnten pro Arbeitstag rund 150 km Gleis untersucht werden.

Während das Fahrzeugteil unverändert übernommen wurde, unterschied sich die Inneneinrichtung recht deutlich vom normalen Uerdinger: So verfügte der Motorwagen über einen Mannschaftsraum und ein Stromaggregat für das Bordnetz; im Steuerwagen waren dagegen die gesamten Meßeinrichtungen untergebracht. Die eigentlich nur als Übergangslösung gedachte Prüfzuggarnitur schied 1976 aus dem Fahrzeugbestand aus, nachdem bereits zwei Jahre zuvor mit dem fabrikneuen Schienenprüfzug 719/720 (auf Basis der Baureihe 614) ein weitaus wirtschaftlicherer Nachfolger in Dienst gestellt worden war.

Die Indusi-Meßwagen der Baureihen 724 und 728

Zur Kontrolle der Induktiven Zugsicherung (Indusi) ließ die Deutsche Bundesbahn 1964 den noch aus der Vorserie stammenden VT 95 906 (mit kurzen Achsstand von 4500 mm) zu einem sogenannten „Indusi-Meßwagen" umbauen. Das als Wt6205 bezeichnete Fahrzeug wurde der Signalwerkstatt Wuppertal zugeteilt und von dort aus im gesamten Bundesgebiet eingesetzt. Mit der Umstellung auf Computernummern wurde der Triebwagen 1968 in 724 001 umgezeichnet. Dank der durchweg positiven Erfahrungen baute man vier Jahre später auch die beiden Schienenbusse 795

Noch in alter Farbgebung: 701 026 und 701 052 am 12.November 1980 in der Bahnmeisterei Wanne-Eickel. Foto: Heinrich Hullermann

471 und 795 144 zu Indusi-Meßwagen um, die bis heute als 724 002 und 003 von Wuppertal bzw. Köln aus zum Einsatz kommen. Mit den drei Meßwagen werden die Kontaktmagnete der in Haltestellung stehenden Signale geprüft, wobei auf den Magneten für wenige Augenblicke gehalten werden muß.

Wegen seiner hohen Laufleistung und des kurzen Wagenkastens wurde 724 001 im Februar 1985 abgestellt, während die beiden anderen Fahrzeuge 1987 einer umfangreichen Modernisierung unterzogen wurden. An die Stelle von 724 001 trat der aus dem zweimotorigen 798 813 entstandene 728 001 (in zweiter Nummernbesetzung).

Die Gleismeßwagen der Baureihe 725/726

In den Jahren 1974 und 1975 ließ die Deutsche Bundesbahn fünf Schienenbusse (798 804, 798 676, 798 779, 798 674 und 798 799) zu Gleismeßwagen der Baureihe 725 umbauen, die mit jeweils einem neu entwickelten Steuerwagen der Baureihe 726 kurzgekuppelt wurden. Die mit einer sehr aufwendigen Meßtechnik versehenen Steuerwagen erhielten einen besonders verwindungssteifen Aufbau ähnlich den Baureihen 701/702, da für eine kontrollierte Messung eine geringe Durchbiegung und Neigung des Wagenkastens gefordert wurde. Technisch sind die Motorwagen mit der Baureihe 798.95 identisch, wobei sich jedoch die Fensteraufteilung und der Innenraum (Mannschaftsraum mit Kochzeile, zwei Abteilen, zwei Schlafstellen und einem Stromaggregat) deutlich vom Ausgangsmodell unterscheiden. Der Steuerwagen verfügt neben der Meßeinrichtung, die in beiden Hauptradsätzen und drei speziellen Meßradsätzen bzw. Tastscheiben integriert ist, über eine Werkbank und zahlreiche Schränke.

Die auf die Dienststellen Augsburg, Braunschweig, Darmstadt, Köln und Nürnberg verteilten Einheiten befahren regelmäßig das Streckennetz der DB. Dabei werden bei einer Meßgeschwindigkeit von 80 km/h die Parameter der Gleisgeometrie (korrektes Spurmaß, Gleishöhe, Neigung, Verwindung, Überhöhung) elektronisch erfaßt. Die aufgezeichneten Daten liefern den Bahnmeistereien wichtige Informationen über den Zustand der von ihnen betreuten Streckenabschnitte, so daß etwaige Reparaturen schnell und effektiv eingeleitet werden können.

Der zweiteilige Schienenprüfzug 721 001/722 001 am 15.August 1975 in Köln-Mülheim. Foto: Wolf-Dietmar Loos

Der LZB-Meßwagen der Baureihe 727

Nachdem der Schnellfahrstreckenanteil mit Linienzugbeeinflussung (LZB) zu Beginn der siebziger Jahre sehr stark zugenommen hatte, benötigte die Deutsche Bundesbahn einen Meßwagen für die regelmäßige Kontrolle der neuartigen Sicherheitseinrichtung. Dieser entstand im Juli 1974 aus dem bereits 20 Jahre alten 795 313, der bereits drei Jahre zuvor aus dem Personenzugdienst ausgeschieden war. Als erstes Bahndienstfahrzeug in gelber Warnfarbe lackiert, wurde der antriebstechnisch unveränderte Triebwagen als 727 001 umgezeichnet und dem Bw München Hbf zugeteilt. Trotz seines hohen Alters wird der LZB-Meßwagen noch immer regelmäßig eingesetzt, zumal sich die DB bislang nicht auf einen Nachfolger für das exotische Gefährt verständigen konnte.

Oben links: *Indusi-Meßwagen 724 002 am 16.Juli 1996 im Bahnhof Ochtrup.* Foto: Jörg Hajt; ***Unten:*** *Gleiszug 725 004/726 004 am 5.Juli 1990 in Wanne-Eickel Hbf.* Foto: Jörg Hajt

Gerätetriebwagen 728 001 am 23.Oktober 1977 in Lingen/Ems. *Foto: Wolf-Dietmar Loos*

Die Gerätetriebwagen der Baureihe 728

Für die Elektrifizierungsarbeiten auf der Emslandstrecke Rheine - Emden entstanden im März 1977 zwei sogenannte „Mannschafts- und Gerätetriebwagen", die als 728 001 (in erster Besetzung) und 728 002 dem Bw Osnabrück zugeteilt wurden.

Bei den beiden Triebwagen handelte es sich um die Schienenbusse 795 447 und 795 448, die dem speziellen Einsatzzweck entsprechend mit einer völlig neuen Inneneinrichtung versehen worden waren. Die hauptsächlich bei der Kabelverlegung eingesetzten Fahrzeuge schieden nach Abschluß der Bauarbeiten zum Jahresende 1980 aus dem Betriebsbestand aus.

Die Signaldienstwagen der Baureihe 740

Noch zu Beginn des ICE-Zeitalters setzte die Deutsche Bundesbahn bei der Beschaffung von neuen Bahndienstfahrzeugen auf umgebaute Schienenbusse. Für die Instandhaltung und Reparatur der Signaleinrichtungen entlang der Neubaustrecke entstanden aus sechs Triebwagen der Baureihe 798 ab 1990 die Signaldienstwagen 740 001 bis 006, die den Betriebshöfen Göttingen, Karlsruhe, Kassel und Kornwestheim zugeteilt wurden. Von ihren Abstellplätzen aus gelangen die Fahrzeuge über eigens eingerichtete Weichenverbindungen direkt auf die Neubaustrecke, so daß der Entstördienst in sehr kurzer Zeit an den Ort der jeweiligen Störung gebracht werden kann.

DB
Bullay
670 002-5
2

Leichtgewichte:
Die Schienenbusnachfolger bei der Deutschen Bahn AG

Vor dem Hintergrund der nicht befriedigenden Wirtschaftlichkeit der Baureihen 627 und 628 gab die Deutsche Bahn AG im Juni 1996 insgesamt 372 sogenannter „Leichttriebwagen" in Auftrag, die bis spätestens 1999 auf ausgesuchten Nebenstrecken und Hauptbahnen mit geringem Fahrgastaufkommen zum Einsatz kommen sollen. Da es sich bei den Neubaufahrzeugen um Eigenentwicklungen der Lieferfirmen Deutsche Waggonbau AG, DUEWAG, Linke-Hoffmann-Busch und Talbot handelt, kommen vier verschiedene Grundkonzepte zur Anwendung, so daß jede Strecke einen ihren Bedürfnissen angepaßten Triebwagentyp erhalten wird. Leider würde die Vorstellung sämtlicher Fahrzeuge den Rahmen dieses Buches sprengen, so daß nachfolgend nur die bereits ausgelieferten Doppelstockschienenbusse der DB-Baureihe 670 und die bereits bei der Dürener Kreisbahn eingesetzten „RegioSprinter" der späteren DB-Baureihe 642 etwas näher beleuchtet werden sollen. Darüber hinaus erscheint auch ein Blick in die Schweiz interessant, wo die SLM Schweizerische Lokomotiv- und Maschinenfabrik mit ihrer Leichtriebwagenstudie „Futuro" einen zukunftsweisenden Triebzug für den Einsatz auf Breit-, Regel- und Schmalspurstrecken vorgestellt hat.

Die Doppelstockschienenbusse der Baureihe 670

Für die Bedienung kurzer Nahverkehrsstrecken und den Touristikverkehr lieferte die Deutsche Waggonbau AG im Juni 1996 fünf Doppelstockschienenbusse der Baureihe 670, die sich durch besonders niedrige Produktions- und Unterhaltungskosten auszeichnen. Das Fahrzeugkonzept folgt im Grundsatz dem Konstruktionsprinzip der Uerdinger Schienenbusse, so daß auch hier wesentliche Bauteile aus dem Kraftomnibus- und Straßenbahnbau stammen. Da die doppelstöckigen Leichttriebwagen ausschließlich für den Solobetrieb gedacht sind, wurde auf den Einbau kostspieliger Zug- und Stoßeinrichtungen verzichtet und zugunsten einer Bremsverzögerung nach der Bau- und Betriebsordnung für Straßenbahnen (BOStrab) die Rahmensteifigkeit von 1500 kN nach UIC-Norm vernachlässigt. Die erforderliche Bremsleistung wird durch eine schnellwirkende Magnetschienenbremse erreicht, die selbst Gefahrbremsungen nach der BOStrab erlaubt. Damit liegt die Bremsverzögerung der neuen Leichttriebwagengeneration etwa doppelt so hoch wie die von Regelfahrzeugen nach der UIC-Norm. Zudem sorgen speziell entwickelte Stoßabsorber und exakt vorausberechnete Knautschzonen für eine überdurchschnittlich hohe aktive und passive Sicherheit. Der in Leichtbauweise gefertigte Wagenkasten besteht hierfür aus einer Gerippekonstruktion mit aufgeklebten Blechen im mittleren Bereich sowie je einem GfK-Formteil an den Stirnseiten. Angetrieben werden die Zweiachser von einem Sechszylinder-MTU-4-Takt-Dieselmotor mit einer Leistung von 340 PS (250 kW), der im Bereich des Führerstandes 1 untergebracht ist und über ein Schaltwendegetriebe direkt auf das angrenzende Einzelradfahrwerk wirkt. Die Höchstgeschwindigkeit beträgt 100 km/h und erlaubt damit auch Überführungsfahrten und Kurzeinsätze auf Hauptstrecken.

Links: Während die Doppelstockschienenbusse der Baureihe 670 in den neuen Bundesländern für enorme Fahrgastzuwächse sorgen, war ihr Einsatz auf der Moselweinbahn Bullay - Traben-Trarbach (KBS 691) von heftigen Protesten der Reisenden begleitet. Noch in der alten Farbgebung bummelte 670 002 am 15.Juni 1996 bei Reil durch die Weinhänge.

Foto: Berthold Vatteroth

Parallelen zu den Vorserienfahrzeugen der Baureihe VT 95 ergeben sich beim Zugang zum Innenraum, der über eine doppelflügelige Schwenkschiebetür je Fahrzeugseite erreicht wird. Die Einstiegshöhe liegt dabei mit 600 mm über Schienenoberkante auf S-Bahn-Niveau, so daß auch Rollstuhlfahrern ein selbständiger Ein- und Ausstieg ermöglicht wird. Das Unterdeck ist durch zwei Wendeltreppen mit dem Oberdeck verbunden, wobei breite Fluchtwege einen schnellen Fahrgastwechsel gewährleisten. Insgesamt stehen 78 Sitz- und 32 Stehplätze zur Verfügung, wenngleich sich letztere wegen der niedrigen Deckenhöhe von 1,98 m im Oberdeck

wie einem Radsatzwendegetriebe besteht. Jeder Maschinenanlage ist eine separate Batterie für die Versorung des Bordnetzes und des Anlassers zugeordnet. Die eingebaute Vielfachsteuerung erlaubt die Bedienung von maximal drei miteinander gekuppelten Fahrzeugen, so daß die RegioSprinter auch für stark frequentierte Strecken gerüstet sind. Die verwendete Dreisystembremsanlage zeugt vom hohen technischen Stand der Omnibus- und Straßenbahnfahrzeuge und setzt sich aus zwei hydrodynamischen Retardern, einer elektropneumatischen Bremse und der obligatorischen Magnetschienenbremse zusammen, die allerdings nur bei Gefahrbremsungen aktiviert wird.

Im Innenraum setzt sich die Verwandtschaft mit bewährten Nahverkehrsfahrzeugen fort. Zwei im Niederflurbereich angeordnete Doppelschwenkschiebetüren (Einstiegshöhe 530 mm) erlauben einen überaus bequemen Einstieg, wobei durch Drücken eines separaten Türöffners eine ausklappbare Rampe angefordert werden kann, die vor allem für Rollstuhlfahrer und Fahrgäste mit Kinderwagen gedacht ist. In der Ausführung der Dürener Kreisbahn verfügen die RegioSprinter über 74 Sitz- und 100 Stehplätze; die Mitte 1996 an die sächsische Vogtlandbahn gelieferten acht Schwesterfahrzeuge weisen dagegen 80 Sitz- und 84 Stehplätze auf. Letztere unterscheiden sich zudem durch stärkere Motoren (2 x 310 PS/228 kW) und Mittelpufferkupplungen von den Dürener Fahrzeugen. Zudem können sie in Vierfachtraktion gefahrenen werden und weisen wegen der extremen winterlichen Verhältnisse im Vogtland beheizbare Kraftstofftanks und Streckenräumer auf. Interessant ist ferner der ab 1999 geplante Straßenbahneinsatz in Zwickau, wobei die RegioSprinter auf einem Dreischienengleis die Trasse der meterspurigen Straßenbahn mitbenutzen sollen, wofür zehn zusätzlich bestellte Garnituren mit Straßenbahnglocke, Fahrtrichtungsanzeigern, Bremslicht und einem Kontaktgeber für die Weichensteuerung ausgerüstet werden müssen.

Die Deutsche Bahn AG hat DUEWAG im Juni 1996 einen Auftrag über die Lieferung von 150 RegioSprintern erteilt, die ab Sommer 1998 als Baureihe 642 auf ausgewählten Haupt- und Nebenbahnen für eine Belebung des Nahverkehrs sorgen sollen. Darüber hinaus liegt eine 46 Fahrzeuge umfassende Kaufoption diverser dänischer Privatbahnen vor, so daß sich die RegioSprinter zu einem ähnlichen Verkaufserfolg wie die Uerdinger Schienenbusse entwickeln könnten, deren sprichwörtliche Zuverlässigkeit noch heute ein Kaufargument für DUEWAG-Fahrzeuge darstellt.

Der Universalleichttriebzug „Futuro"

Anläßlich ihres 125jährigen Firmenjubiläums stellte die SLM Schweizerische Lokomotiv- und Maschinenfabrik im Oktober 1996 mit dem Universalleichttriebzug „Futuro" eine Fahrzeugstudie vor, die sicherlich zu den interessantesten Triebwagenkonzepten der letzten Jahre zählt: Das für Breit-, Regel- und Schmalspur lieferbare Fahrzeug ist für den Einsatz im S-Bahn-ähnlichen Vorortverkehr ebenso geeignet wie für die Bedienung mäßig frequentierter Haupt- und Nebenbahnen, wobei es wahlweise mit Diesel- oder elektrischem Antrieb ausgerüstet werden kann. Durch ein neuartiges Modulsystem kann die Fahrzeuglänge den individuellen Bedürfnissen des Bestellers angepaßt werden, was sich in verhältnismäßig günstigen Anschaffungs- und Unterhaltungskosten niederschlägt. In der Standardausführung besteht der Futuro aus zwei niederflurig ausgeführten Steuerwagen und einem hochflurigen Motormittelwagen, die durch automatische Mittelpufferkupplungen und Faltenbälge miteinander verbunden sind. Die erweiterte Variante bildet eine fünfteilige Garnitur, bestehend aus zwei Steuerwagen, zwei Motormittelwagen sowie einem niederflurigen Sitzmittelwagen. Die einzelnen Wagen sind mit rund 12 m Länge relativ kurz gehalten, verfügen aber über die relativ stattliche Breite von 3,04 m, so daß der Futuro beim Befahren von engen Kurven das Lichtraumprofil optimal ausnutzen kann. Dabei bieten die kompakten Grundmaße im Zusammenspiel mit der konsequent durchgehaltenen Leichtbauweise mehr Innenraumfläche pro Tonne Leergewicht als bei allen anderen Regionaltriebzügen. Interessant erscheint in diesem Zusammenhang auch die fast mühelos erreichte Längssteifigkeit von 1500 kN, die trotz Leichtbauweise keinerlei Einschränkungen in den Bereichen Sicherheit und Betriebseinsatz (z.B. Flügelzugbildung) auferlegt.

Doch auch im Bereich des Fahrwerks gingen die Schweizer neue Wege: So ruht jeder Wagen auf zwei Einzelachsfahrwerken, bei denen die Achsen des jeweiligen Nachbarfahrwerkes über eine einfache Mechanik zu einer Einheit kombiniert wurden. Entsprechend der Wagenanordnung bestehen die derart gekoppelten Fahrwerke aus einer Lauf- und einer Antriebsachse und stellen in der angewandten Bauart eine absolute Weltneuheit dar. Die an allen Radsätzen vorhandene passive Radialeinstellung zur Verschleißminderung wird an den Endradsätzen durch eine zusätzliche aktive Steuerung unterstützt. Gegenüber herkömmlichen Fahrwerken ergibt sich eine Gewichtsersparnis von knapp 40%, was sich nicht zuletzt auf den Energerieverbrauch und die Lebensdauer des Bahnkörpers positiv auswirkt.

Der wahlweise lieferbare Elektroantrieb ist für alle gängigen Stromsysteme verfügbar, wobei eine dem Dieselantrieb identische Dauerleistung von 2 x 300 kW (2 x 408 PS) zugrunde liegt. Mit einer Höchstgeschwindigkeit von 120 km/h und einer mittleren Anfahrbeschleunigung von 1 m/s² bewegt sich der Futuro bereits auf S-Bahn-Niveau, was auch für den Innenraum gilt. So ist neben verschiedenen Sitzanordnungen die Einrichtung sogenannter „Multifunktionsräume" möglich, in denen Fahrradständer, Fahrkartenautomaten oder Getränkeautomaten aufgestellt werden können. Die großzügig dimensionierten Einzelsitze können in den Konfigurationen 2+2 und 2+3 angeordnet werden, so daß zwischen 136 und 160 Sitzplätze zur Verfügung stehen. Für ein gutes Sicherheitsgefühl sollen die über die gesamte Fahrzeugbreite reichenden Wagenübergänge sowie die durchsichtig verglasten Rückwände der Führerstände sorgen, mit deren Hilfe der Triebfahrzeugführer den gesamten Zug einsehen kann.

Alles in allem überzeugt der Futuro mit dem gegenwärtig wohl innovativsten Fahrzeugkonzept, wobei er als Elektrozug auf deutschen Gleisen viele ökologisch fragwürdige Einsätze von Dieseltriebzügen auf Fahrdrahtstrecken beenden könnte. Ob die Deutsche Bahn AG diesem Ansatz allerdings Folge leisten wird, scheint indes mehr als fraglich.

Computerstudie des Universalleichttriebzuges „Futuro". Denkbar ist nach Angaben des Herstellers noch eine geänderte Frontpartie. Foto: SLM

VOLLDAMPF MIT HEEL
Bestellen Sie gleich über unsere Hotline: Tel.: 05 31 / 79 9079, Fax: 05 31 / 79 59 39
Märklin
Die großen Jahre 1895–1914
ca. 225 Farbfotos, Softback
DM 49,80 (Preis der Originalausgabe: DM 128,–)
Die letzten Eisenbahnabenteuer
Dampfgeführte Züge
96 S., ca. 100 farb. Abb., Format 245 x 328 mm, Hardcover kaschiert
DM 39,80
Lokomotiven & Landschaften
jeder Band 144 S., ca. 200 überwiegend farbige Abb., Format 305 x 245 mm, geb. m. farb. Schutzumschlag
je Band
DM 58,–
Joe Collias
Big Boy & Co.
Amerikanische Dampflokomotiven in historischen Bildern
280 Seiten, ca. 400 s/w-Abbildungen, Format 220 x 290 mm, gebunden mit farbigem Schutzumschlag
DM 69,–
Jörg Hajt
Das grosse TEE-Buch
40 Jahre Trans-Europ-Express
144 S., ca. 120 überwiegend farb. Abb., Format 305 x 245 mm, geb. m. farb. Schutzumschlag + Poster TEE
DM 58,–
HEEL Verlag GmbH • Gut Pottscheidt • 53639 Königswinter